しっかり学べる 基礎ディジタル回路

湯田 春雄・堀端 孝俊 =共著

森北出版株式会社

- 本書のサポート情報を当社 Web サイトに掲載する場合があります．下記の URL にアクセスし，サポートの案内をご覧ください．

    http://www.morikita.co.jp/support/

- 本書の内容に関するご質問は，森北出版 出版部「(書名を明記)」係宛に書面にて，もしくは下記の e-mail アドレスまでお願いします．なお，電話でのご質問には応じかねますので，あらかじめご了承ください．

    editor@morikita.co.jp

- 本書により得られた情報の使用から生じるいかなる損害についても，当社および本書の著者は責任を負わないものとします．

■ 本書に記載している製品名，商標および登録商標は，各権利者に帰属します．

■ 本書を無断で複写複製（電子化を含む）することは，著作権法上での例外を除き，禁じられています．複写される場合は，そのつど事前に(社)出版者著作権管理機構（電話 03-3513-6969，FAX 03-3513-6979，e-mail：info@jcopy.or.jp）の許諾を得てください．また本書を代行業者等の第三者に依頼してスキャンやデジタル化することは，たとえ個人や家庭内での利用であっても一切認められておりません．

まえがき

　近年，情報化社会が急激に発展し，我々を取り巻く生活環境は，IT機器で満され豊かな生活を楽しんでいるのが現状である．これらの機器には，種々のディジタル回路が内蔵されているが，それらを理解せずに使用しても何の不便も感じない．しかし，さらに豊かな社会を築くためには新しい機器の開発が必要であり，そのためには，ディジタル回路の技術を駆使できる多くの技術者が育つことが大切である．そのための第一歩として，多くの若い人たちがディジタル回路の基本を身につけることが重要であると思われる．

　本書は，著者の長年にわたるの講義経験を基に高専および，大学1,2年生を対象にレベルを設定し，ディジタル回路の基礎が理解できるよう平易に解説したものである．これまでの経験から，読者がディジタル回路の学習を途中で放棄する主な理由は，2進数演算や論理数学をよく理解できなかったところにあるように思われる．

　このような観点から，本書では基礎的な「数体系」と「論理代数」を独立の章として，その内容を「わかりやすく」と「なっとく」をモットーとしてテキスト形式で平易に解説し，理解を深めるようにした．論理式の導出，回路の構築などでは，ただ暗記して覚えるのではなく，必ず，式の導出の根拠を示すようにし，「応用能力の向上」に留意した．したがって，単に教科書としてのみならず，はじめてディジタル回路を独習しようとする人たちにも参考書として利用でき，つぎのステップとしての「専門化」，「応用化」への道にも適用できる．

　本書の構成は，前半には数学的準備として論理関数，真理値表，カルノー図を主題とし，その相互関連性について解説した．これを基に，論理式の回路化を述べ，さらに，具体的な例としてもっとも基本的なフリップフロップ回路，カウンタ回路，シフトレジスタ回路，入出力変換回路，演算回路について解説した．最後に，ディジタル機器を取り扱う上で欠かすことのできないディジタ

ル IC の回路構成，分類，特性とアナログ–ディジタル変換をまとめて解説した．

　ディジタル回路の学習は本書のみで完結しない．ディジタル回路の分野で活躍しようとすると，さらに高度な専門書へ進むことが必要である．本書はつぎへのステップに進むための充分な基礎知識と応用力を提供できると確信する．

　本書の執筆にあたり多くの方々の著書，文献を参照させて頂き，それらの著者，出版社に謝意を表します．また，本書の全原稿を精査し有益なコメントを頂いた東北工業大学の伊藤 奨先生，第 10, 11 章については東北大学電子工学専攻の小谷光司先生，元日立製作所半導体部長の吾妻 孝氏に貴重な助言を頂き心からお礼申し上げます．

　最後に，出版にあたり多大な助言，お世話を頂いた森北出版の吉松啓視氏，加藤義之氏をはじめ関係者の方々に心から感謝の意を表します．

2006 年 1 月

著　者

目　次

第1章　はじめに
1.1　ディジタルとアナログ ……………………………………………………… 1
1.2　電気信号，ディジタル回路 ………………………………………………… 2
1.3　ディジタル回路の基礎理論 ………………………………………………… 3
1.4　回路設計 ……………………………………………………………………… 4
1.5　ディジタル IC ……………………………………………………………… 5
　　演習問題 ……………………………………………………………………… 6

第2章　ディジタル回路の数体系
2.1　n 進数 ……………………………………………………………………… 7
2.2　基数変換 ……………………………………………………………………… 11
2.3　補数と負の 2 進数 …………………………………………………………… 14
2.4　2 進数の四則演算 …………………………………………………………… 18
2.5　符号体系 ……………………………………………………………………… 24
　　演習問題 ……………………………………………………………………… 27

第3章　論理代数
3.1　ブール代数 …………………………………………………………………… 28
3.2　標準展開 ……………………………………………………………………… 35
3.3　論理式の簡単化 ……………………………………………………………… 39
　　演習問題 ……………………………………………………………………… 47

第4章　ゲート回路
4.1　AND，OR，NOT ゲート ………………………………………………… 49

4.2	NAND, NOR, ExOR ゲート	52
4.3	正論理と負論理	55
4.4	組み合わせ回路	56
4.5	PLA	62
演習問題		66

第5章　フリップフロップ回路

5.1	非同期式フリップフロップ回路	67
5.2	同期式フリップフロップ回路	73
演習問題		81

第6章　カウンタ

6.1	カウンタの基本動作	83
6.2	N 進カウンタの設計	88
6.3	その他のカウンタ	95
演習問題		97

第7章　シフトレジスタ

7.1	シフトレジスタの基本動作	99
7.2	データ形式とシフトレジスタの分類	101
7.3	直列–並列変換シフトレジスタ	102
7.4	並列–直列変換シフトレジスタ	104
7.5	全変換型シフトレジスタ	105
演習問題		106

第8章　入出力変換回路

8.1	エンコーダ	108
8.2	デコーダ	111
8.3	表示回路	115
8.4	マルチプレクサ，デマルチプレクサ	117
演習問題		119

第 9 章　演算回路

- 9.1　加算器 …………………………………………………… 120
- 9.2　減算器 …………………………………………………… 125
- 演習問題 …………………………………………………… 132

第 10 章　ディジタル IC

- 10.1　半導体素子とゲート回路 …………………………… 134
- 10.2　ディジタル IC ………………………………………… 139
- 10.3　IC の特性 ……………………………………………… 145
- 10.4　出力結合 ……………………………………………… 148
- 10.5　ディジタル回路の製作 ……………………………… 152
- 演習問題 …………………………………………………… 156

第 11 章　アナログ-ディジタル変換

- 11.1　演算増幅回路 ………………………………………… 157
- 11.2　D/A 変換器 …………………………………………… 160
- 11.3　A/D 変換器 …………………………………………… 163
- 演習問題 …………………………………………………… 169

演習問題解答 …………………………………………………… 170

参考文献 ………………………………………………………… 190

索　引 …………………………………………………………… 191

第1章

はじめに

　近年の電子・情報技術の急激な発展に伴い，我々を取り巻く生活環境は，IT機器で満されている．これらの電気・電子機器やコンピュータなどの電子・情報技術の基礎となっているのがディジタル回路である．本章では，ディジタル回路の概要について述べ，その基礎的な概念について解説する．

1.1　ディジタルとアナログ

　整数 0, 1, 2, 3, ⋯ などのように最小単位 1 で離散的に変化する数または量を**ディジタル** (digital) という．本来，ディジタルは，英語の "digit"「指」の形容詞として「指の」や「数の」，あるいは「数量化された」の意味である．電球やボールの個数は一つ，二つと数えるのでディジタル量である．整数「0」と「1」のみを組み合わた数もディジタルである．ディジタル数の最小単位は，離散的に変化する数であれば，小数単位 "0.001" でもよい．

　離散的なディジタルとは逆に，連続的に変化する量を**アナログ** (analog) という．たとえば，水の量や圧力，温度などのように連続的に変化する量はアナログ量である．図 1.1 にディジタルとアナログの対比を示した．整数をディジタ

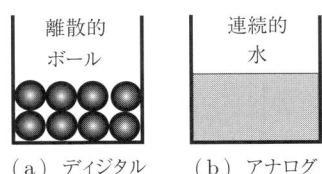

図 **1.1**　ディジタルとアナログの違い

ルと考えると，実数は連続的に変化するのでアナログであり，ディジタル量のような最小単位はない．アナログ量を最小単位で離散的に数値化することを**ディジタル化**といい，家電製品のディジタル化などの用語としても用いられている．アナログ機器からディジタル化された例を示すと，カセットテープ→CD，ビデオ→DVD などがある．アナログのカセットテープなどは，何度もコピーすると雑音で聞き苦しくなるが，CD ではそのような雑音はあまり混入しないなどの利点がある．そのため，現在では，これらのほとんどの機器はアナログからディジタルへ移行してきている．

1.2　電気信号，ディジタル回路

電気・電子機器で取り扱う**電気信号**は，銅線などの導体を流れる**電流**により発生するものと空間を伝搬する**電波**により発生するものがある．これらの信号は**光速** (3×10^8 m/秒) もしくはそれに近い高速で導体中を流れ，または空間を伝搬する．

電気信号は，**アナログ信号**，**パルス信号**，**ディジタル信号**に大別できる．これらの信号の電圧波形の時間変化を図 1.2 に示した．

(a) のアナログ信号は，その電圧の大きさが連続的に変化する信号で，マイクロホンからの出力信号などはその例である．(b) のパルス信号は，短時間に発生する電気信号で，計測器などから発生する信号などがある．(c) のディジタル信号は，一定の波高の方形波のパルスである．

ディジタル信号は，

$$\text{波高値} = V \text{ [V]}$$
$$\text{パルス幅} = W \text{ [s]}$$

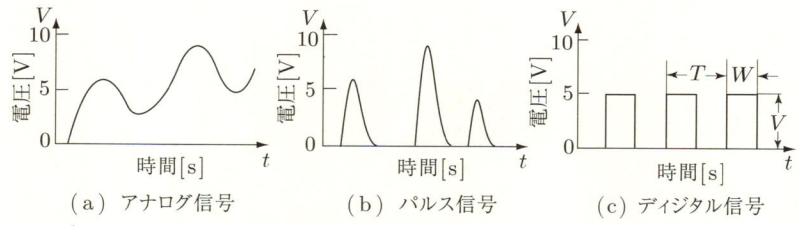

図 1.2　各信号の電圧波形

繰り返し周期 $= T$ [s]

周波数 $\quad = f$ [Hz] $= 1/T$

で表される．一般に，ディジタル信号の波高値 V は 5 [V]，パルス幅 W は 1 [ms] (ミリ秒)，1 [μs] (マイクロ秒) と用途により異なるが，速いもので 1 [ns] (ナノ秒) $= 10^{-9}$ [s] 以下のパルスが用いられている．周波数 f も 1 [GHz] (1 ギガ $= 10^9$) に及ぶものもある．

ディジタル回路は，ディジタル信号を取り扱う電子回路で，コンピュータ，情報通信，制御回路など多くのディジタル機器に内蔵されている．一方，アナログ信号で動作する電子回路を**アナログ電子回路**，または，単に**電子回路**という．もっとも代表的な電子回路には増幅回路がある．システムを構成する際，これらのディジタル回路や電子回路は複合的に用いられる場合が多く，一般に，入力・出力部にはアナログ回路が使用される．たとえば，マイクロホンからのアナログ電気信号は，アナログ回路を用いて増幅される．その信号を CD に録音するためのディジタル化には，ディジタル回路を用いる．CD のディジタル信号を，再び音声としてスピーカから出力するにはアナログ回路が使用されている．

ディジタル回路には，種々の機能をもつ回路があるが，基本的には **AND** (論理積)，**OR** (論理和)，**NOT** (否定) の機能をもつ 3 種類の**基本論理ゲート**の組み合わせで構成されている．多種多様な機能をもつコンピュータやゲーム機などは，これらの基本ゲート数百，数万個の組み合わせで構築されている．このように高度な機能をもつディジタル回路が，わずか 3 種類の単純な基本論理ゲートの組み合わせで構築できるのは実に驚異である．

1.3 ディジタル回路の基礎理論

一定個数のディジタル信号をグループ化した信号配列を**信号データ**という．一般に，ディジタル信号に対して

電圧 $= 0$ [V] $\quad \rightarrow \quad 0$

電圧 $= 5$ [V] $\quad \rightarrow \quad 1$

と数値化し，その数値を配列化したものを**データ**という．図 1.3 は，いくつかのディジタル信号を 1 組として，2 組の 5 桁のデータ (10110)，(00100) を作成

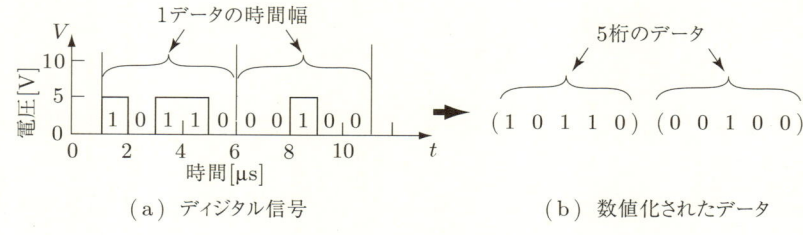

図 1.3 ディジタル信号と数値化されたデータ

した例である．

　これら"0"と"1"の数値配列データは，2進数に対応する．"0"と"1"の2値を取り扱う代数を**論理代数**または，**ブール代数** (Boolean algebra) という．この代数で取り扱う関数を**論理関数**，変数を**論理変数**という．論理変数を用いて，具体的な式の形で表した論理関数を**論理式**という．この関数，式，変数の数値"0"と"1"を**真理値**または**論理値**という．

　論理代数は，**論理積，論理和，否定**の3演算と**定理**で組み立てられている．この3演算はそれぞれ基本ゲート AND，OR，NOT に対応しているので，その論理式は対応する AND，OR，NOT ゲートを組み合わせた回路を表している．このように，論理式とディジタル回路が1対1に対応することから，論理代数はコンピュータやゲーム機などの複雑なディジタル回路の設計・解析の理論的基盤となり，また指針となっている．

　以後，下記の略式記号を用い，数式等を簡略化した．

$$\therefore \quad A = B \ : \text{ゆえに，} \quad A = B$$

$$A \to B \ : A \text{ は } B \text{ に対応する，または，} A \text{ は } B \text{ になる．}$$

1.4　回路設計

　回路の組み立ては，要求される機能を直接基本ゲートを用いて回路化することでできる．しかし，一般には，真理値を用いて回路の機能を設定する表を作成し，回路を設計する．この機能設定表を**真理値表**という．真理値表とは，設計する回路の入力を真理値"0"と"1"に対応させ，回路の機能を出力として

真理値で表すもので，論理式とは1対1に対応している．一つの真理値表は，一つの論理式に対応する．

設計しようとする回路の真理値表から論理式が決まると，AND，OR，NOTゲートを用いて，ディジタル回路を設計することができる．論理式をそのまま回路化すると，不必要に多数のゲートを使う場合がある．そのような場合には，論理式を簡単化する操作を行って使用ゲート数を減らし，回路設計の効率化をはかる．したがって，ディジタル回路設計を進めるための基本的な方針は，真理値表から論理式を求めてその式を簡単化し，回路化することである．

1.5 ディジタルIC

ディジタル回路は，AND，OR，NOTの演算回路の組み合わせで設計できるが，複雑な回路になると数千，数万の演算回路が必要になり，回路の論理設計が煩雑で解読が不可能になる場合が生じる．このような煩雑さを避けるため，頻繁に使用される特殊機能をもった回路をあらかじめAND，OR，NOTゲートの組み合わせで製作しておくと便利である．

ゲート回路は，トランジスタやダイオードなどの半導体素子を基板内に組み込み構成される．これら多数のゲートを一体化したものを**集積回路** (integrated circuit) または単に**IC**という．ICには，数個のゲートを組み入れたものから，フリップフロップ回路，カウンタ回路，演算回路などのような特殊な機能をもつ回路がある (各回路については後述する)．このようなICを**標準ロジックIC**という．この他にも，コンピュータなどの中央処理装置 (CPU) やメモリなど，多くの特殊機能をもつ回路として数千から数千万個の素子を組み入れた大型IC (LSI)，超大型IC (VLSI)，極超大型IC (ULSI) などが製品化され，コンピュータ，情報通信，制御などの広い分野で使用されている．

画像や音声など我々に身近な物理量は，ほとんどがアナログ量として計測される．これらの量は，保存，送信などのため，アナログからディジタルへ変換される．逆に，ディジタル量を元の画像や音声に変換するためには，ディジタルからアナログに変換される．宇宙から送られる美しい地球の画像も，このアナログ–ディジタルの相互変換により眺めることができるのである．この変換は，D/A変換，A/D変換とよばれ，欠かすことのできない基礎的なディジタル技術の一つである．これらの技術やICの登場により，現在のIT化社会が発

展してきたのであり，これからもさらに発展するものと思われる．

演習問題

1.1 電気回路，電子回路，ディジタル回路をそれぞれ説明しなさい．

1.2 長さ 30 cm の銅線の一端にディジタル信号を入力すると，およそ何秒後に銅線の他端に信号が出力されるか．

1.3 アナログ回路とディジタル回路の例を一つずつ挙げなさい．

1.4 つぎの製品の違いを述べなさい．
　　(1) 一般のカメラとディジタルカメラ
　　(2) ビデオテープとディジタルビデオテープ

第 2 章

ディジタル回路の数体系

　ディジタル回路では，10 進数の他に，2 進数，8 進数，16 進数が用いられる．これらの数体系を一般化して **n 進数**という．本章では，これらの数体系とその相互変換，補数と 2 進数の四則演算について解説する．最後に，よく用いられる BCD コード，グレイコードについて述べる．

2.1　n 進数

　n 進数には，正負を表す符号をつける表示法とつけない表示法がある．この節では，符号なし n 進数について解説する．

2.1.1　n 進数

　1 桁が n 種類の記号で構成される数体系を n 進数といい，n 種類の記号を個々に**ディジット (digit)** という．たとえば，10 進数ではつぎにように 10 種類のディジットで示される．

$$10 \text{ 進数}: \underbrace{0,1,2,3,4,5,6,7,8,9}_{10 \text{ 種類のディジット}}$$

　同様に，2 進数，8 進数，16 進数についても 1 桁の数は以下のような種類の記号で示される．

$$2 \text{ 進数}: \underbrace{0,1}_{2 \text{ 種類のディジット}}$$

$$8 \text{ 進数}: \underbrace{0,1,2,3,4,5,6,7}_{8 \text{ 種類のディジット}}$$

16 進数：$\underbrace{0,1,2,3,4,5,6,7,8,9,\mathrm{A},\mathrm{B},\mathrm{C},\mathrm{D},\mathrm{E},\mathrm{F}}_{16\text{種類のディジット}}$

ここで 16 進数 1 桁を 16 個の 1 文字記号で示すため，$10,11,12,13,14,15$ をそれぞれ A, B, C, D, E, F で表してある．

10，2，8，16 進数は，相互に 1 対 1 に対応している．表 2.1 は，10 進数 0 から 15 までと 2，8，16 進数との対応を示す．この表より，2 進数と 8 進数を対比させると，8 進数の 1 桁 $(0,1,\cdots,6,7)$ は，2 進数の下 3 桁に対応することがわかる．同様に，16 進数の 1 桁 $(0,1,\cdots,\mathrm{E},\mathrm{F})$ は，2 進数の下 4 桁で表される．

表 2.1 10，2，8，16 進数の対応表

10 進数	2 進数	8 進数	16 進数
0	0	0	0
1	1	1	1
2	10	2	2
3	11	3	3
4	100	4	4
5	101	5	5
6	110	6	6
7	111	7	7
8	1000	10	8
9	1001	11	9
10	1010	12	A
11	1011	13	B
12	1100	14	C
13	1101	15	D
14	1110	16	E
15	1111	17	F

10 進数に整数部と小数部があるように，n 進数にも整数部と小数部がある．一般に，p 桁の整数部と q 桁の小数部をもつ n 進数 $(N)_n$ は，ディジットを d として，つぎのように表せる．

$$(N)_n = \bigl(\underbrace{d_{p-1}d_{p-2}\cdots d_1 d_0}_{p\text{ 桁の整数部}} . \underbrace{d_{-1}d_{-2}\cdots d_{-(q-1)}d_{-q}}_{q\text{ 桁の小数部}}\bigr)_n \tag{2.1}$$

ここで，n を**基数** (radix) または**底** (base) という．この表示で 10 進数 1280.134 は，$n=10$，$p=4$，$q=3$ に対応し，

$$(N)_{10} = (1280.134)_{10}$$

と表される．

2.1.2　n 進数と 10 進数

10 進数は，整数部と小数部に分け，基数 10 のべき数を用いてつぎのように表すことができる．10 進数 $(1280.134)_{10}$ を例として示すと，

整数部：$(1280)_{10} = 1 \cdot 10^3 + 2 \cdot 10^2 + 8 \cdot 10^1 + 0 \cdot 10^0 = 1280$

小数部：$(0.134)_{10} = 1 \cdot 10^{-1} + 3 \cdot 10^{-2} + 4 \cdot 10^{-3} \quad = 0.134$

で表される．この例にならい，n 進数 $(N)_n$ をディジット d で p 桁の整数部 $(I)_n$ と q 桁の小数部 $(D)_n$ に分けて表すと，

整数部：
$$(I)_n = (d_{p-1} d_{p-2} \cdots d_1 d_0)_n$$
$$= (d_{p-1} \cdot n^{p-1} + d_{p-2} \cdot n^{p-2} + \cdots + d_1 \cdot n^1 + d_0 \cdot n^0)_{10} \quad (2.2)$$

小数部：
$$(D)_n = (0.d_{-1} d_{-2} \cdots d_{-(q-1)} d_{-q})_n$$
$$= (d_{-1} \cdot n^{-1} + d_{-2} \cdot n^{-2} + \cdots + d_{-(q-1)} \cdot n^{-(q-1)} + d_{-q} \cdot n^{-q})_{10}$$
$$(2.3)$$

で与えられる．

ここで，$n^{p-1}, n^{p-2}, \cdots, n^0, n^{-1}, \cdots, n^{-(q-1)}, n^{-q}$ を**重み** (weight)，d_i を**変換係数**という．式 (2.2)，(2.3) の添え字 10 は，( ) 内を 10 進数で計算することを意味するが，この添え字は省略してもよい．

2.1.3　2，8，16 進数

(1) 2 進数

ディジタル回路でもっとも使われる基本的数体系は 2 進数 (binary number) である．これは，式 (2.2)，(2.3) における基数 $n = 2$ の場合に対応する．2 進数の **1 桁**を**ビット** (bit : binary digit) という．また，2 進数の **8 桁**を **1 バイト** (byte) といい，情報を取り扱う単位としている．2 進数の最上位の有効桁を **MSB** (most significant bit) といい，最下位の有効桁を **LSB** (least significant bit) という．2 進数 $(11010111)_2$ の例では，MSB，LSB はつぎのように示される．

$$\begin{array}{c} \text{MSB} \qquad\quad \text{LSB} \\ \downarrow \qquad\qquad \downarrow \\ (\boxed{1}\,1\,0\,1\,0\,1\,1\,\boxed{1})_2 \end{array}$$

2 進数 (整数) → 10 進数への変換は，式 (2.2) より求めることができる．6 ビットの 2 進数 $N_2 = (100101)_2$ を例とすると，桁数 $p = 6$ で，$(d_5 d_4 d_3 d_2 d_1 d_0)_2 = (100101)_2$ であり，これはつぎのように 10 進数に変換することができる．

$$N_2 = (\ 1\ 0\ 0\ 1\ 0\ 1\ )_2$$
$$= (\ 1 \cdot 2^5\ +\ 0 \cdot 2^4\ +\ 0 \cdot 2^3\ +\ 1 \cdot 2^2\ +\ 0 \cdot 2^1\ +\ 1 \cdot 2^0\ )_{10}$$
$$= (\ 32\ +\ 0\ +\ 0\ +\ 4\ +\ 0\ +\ 1\ )_{10} = (\ 37\ )_{10}$$

2進数(小数) → 10進数変換 も，同様に，式 (2.3) より求めることができる．2進数 $N_2 = (0.1011)_2$ を例としてつぎに示す．

$$N_2 = (\ 0.\ 1\ 0\ 1\ 1\ )_2$$
$$= (1 \cdot 2^{-1} + 0 \cdot 2^{-2} + 1 \cdot 2^{-3} + 1 \cdot 2^{-4}\ )_{10}$$
$$= (0.5 + 0 + 0.125 + 0.0625\ )_{10} = (0.6875\ )_{10}$$

実数2進数の場合は，整数部と小数部の和なので，上の例では，2進数 $(100101.1011)_2$ はつぎの10進数に変換される．

$$(100101.1011)_2 = (37)_{10} + (0.6875)_{10} = (37.6875)_{10}$$

例題 2.1 2進数 $(110.101)_2$ を10進数に変換しなさい．

解答 式 (2.2) と式 (2.3) より，
整数部：$(110)_2 = 1 \cdot 2^2 + 1 \cdot 2^1 + 0 \cdot 2^0 = (6)_{10}$
小数部：$(.101)_2 = 1 \cdot 2^{-1} + 1 \cdot 2^{-3} = (0.625)_{10}$
$\therefore \quad (110.101)_2 = (6.625)_{10}$

(2) 8進数

基数 $n = 8$ の数体系は，8進数 (octal number) である．表 2.1 に示すように，8進数1桁は2進数の下3桁に対応する．8進数 → 10進数変換は，2進数と同様に，式 (2.2) の整数部と式 (2.3) の小数部を用いる．例として，8進数 $(127)_8$ の10進数変換をつぎに示す．

$$(127)_8 = 1 \cdot 8^2 + 2 \cdot 8^1 + 7 \cdot 8^0 = 64 + 16 + 7 = (87)_{10}$$

(3) 16進数

基数 $n = 16$ の数体系は，16進数 (hexadecimal number) である．16進数1桁は2進数下4桁に対応する．式 (2.2) より3桁の16進数 $N_{16} = (1AD)_{16}$ の

10 進数変換の例をつぎに示す．

$$(1AD)_{16} = (1 \cdot 16^2 + 10 \cdot 16^1 + 13 \cdot 16^0)_{10}$$
$$= (256 + 160 + 13)_{10} = (429)_{10}$$

2.2 基数変換

2.2.1 10進数 → n 進数変換

10 進数→n 進数変換の係数 "d_i" は，式 (2.2), (2.3) よりつぎのようにして求めることができる．式 (2.2) の整数部 $(I)_n$ は，つぎのように変形できる．

$$(I)_n = n \cdot (d_{p-1} \cdot n^{p-2} + d_{p-2} \cdot n^{p-3} + \cdots + d_1) + d_0 \tag{2.4}$$

式 (2.4) を基数 n で割ると，網目の部分が商で，余りが d_0 になる．この商を順次，基数 n で割ると，"d_i" は余りとしてつぎつぎと求めることができる．

式 (2.3) の小数部 $(D)_n$ に基数 n を掛け，つぎのように変形する．

$$n \cdot (D)_n = d_{-1} + (d_{-2} \cdot n^{-1} + \cdots + d_{-(q-1)} \cdot n^{-(q-2)} + d_{-q} \cdot n^{-(q-1)}) \tag{2.5}$$

式 (2.5) の整数部は d_{-1} で，網目の部分は小数部になる．小数部に順次，基数 n を乗じていくと "d_i" がつぎつぎと求められる．この考えを使って，つぎに 2, 8, 16 進数への変換例を示す．

(1) 10 進数 (整数) → 2 進数変換

式 (2.4) に従い，10 進数 $I_{10} = (14)_{10}$ の 2 進数への変換例を図 2.1 に示す．最初の $i = 1$ の被除数には I_{10} を用い，以後の被除数には，前の商の値を用いる．結果は，余り $[d_i]$ を桁数「i」の降順に並べて与えられる．

$$(14)_{10} = (1110)_2$$

i 桁	基数	被除数 I_{10}	商	余り $[d_i]$
1	2	) 14	7 ⋯	[0]
2	2	) 7	3 ⋯	[1]
3	2	) 3	1 ⋯	[1]
4	2	) 1	0 ⋯	[1]

図 2.1 10 進数 (整数)→2 進数の変換例

この 2 進数から 10 進数を逆に求めると，$(1110)_2 = (1\cdot 2^3+1\cdot 2^2+1\cdot 2^1+0\cdot 2^0)_{10} = (14)_{10}$ で元の 10 進数に戻り，結果が正しいことが確認できる．

（2）10 進数 (小数) → 2 進数変換

式 (2.5) に従い，$D_{10} = (0.375)_{10}$ の変換例を図 2.2 に示す．

小数点以下					整数部		
i 桁	被乗数	×	基数	= 積	= $[d_i]$	+	小数部
1	(0.375)	×	2	= 0.75	= [0]	+	(0.75)
2	(0.75)	×	2	= 1.50	= [1]	+	(0.50)
3	(0.50)	×	2	= 1.00	= [1]	+	(0.00)

図 2.2 10 進数小数 → 2 進数の変換例

被乗数と基数の積は，整数部と小数部に分け，最初の $i = 1$ の被乗数には，D_{10} を，以後の被乗数には，前の小数部を用いる．求める小数は，整数部 d_i を昇順に並べ，つぎのように求められる．

$$(0.375)_{10} = (0.011)_2$$

例題 2.2 10 進数 $(3.8)_{10}$ を 2 進数に変換しなさい．

解答 図 2.1 と図 2.2 の例より，

整数部： 基数　被除数　N_{10}　商　　余り $[d_i]$
　　　　　2) 3 　←　 1 … [1]
　　　　　2) 1 　←　 0 … [1]

∴ $(3)_{10} = (11)_2$

小数部：

被乗数	× 基数	= 積	= $[d_i]$	+ 小数部
0.8	× 2	= 1.6	= [1]	+ (0.6)
(0.6)	× 2	= 1.2	= [1]	+ (0.2)
(0.2)	× 2	= 0.4	= [0]	+ (0.4)
(0.4)	× 2	= 0.8	= [0]	+ (0.8)
(0.8)	× 2	= 1.6	= [1]	+ (0.6)
⋮			⋮	

少数部の被乗数は 0.8, 0.6, 0.2, 0.4 を繰り返すので，

$$(0.8)_{10} = (0.110011\cdots)_2$$

$$\therefore \quad (3.8)_{10} = (11.11001100\cdots)_2$$

このように少数部を繰り返す場合は，必要桁数まで求めればよい．

(3) 10 進数 → 8，16 進数変換

8，16 進数変換も同様に求めることができる．図 2.3 に $(47)_{10}$ の 8 進数への変換例を示す．結果は，$(47)_{10} = (57)_8$ と与えられる．

桁数 i	基数	(N_{10})	商		余り $[d_i]$
1	8	) 47	5	$\cdots$	[7]
2	8	) 5	0	$\cdots$	[5]

図 2.3 10 進数 →8 進数の変換例

図 2.4 に $(429)_{10}$ の 16 進数変換例を示す．結果は，$(429)_{10} = (1\mathrm{AD})_{16}$ と与えられる．

桁数 i	基数	(N_{10})	商		余り $[d_i]$
1	16	) 429	26	$\cdots$	[13]=D
2	16	) 26	1	$\cdots$	[10]=A
3	16	) 1	0	$\cdots$	[1]=1

図 2.4 10 進数 →16 進数の変換例

2.2.2 2，8，16 進数の相互変換

表 2.1 に示したように，8 進数 1 桁 は 2 進数の下 3 桁で，16 進数 1 桁 は 2 進数の下 4 桁で表すことができる．この関係を用いて，**2 進数 → 8，16 進数変換**の例を示す．

12 桁の 2 進数 $(110011100111)_2$ を考える．つぎのように，最下桁より 3 桁ずつ区切ると，各区分の数は 8 進数の各桁となり，$(110011100111)_2 = (6347)_8$ と変換できる．

$$
\begin{array}{lcccc}
2\,\text{進数}\ : & \underbrace{1\,1\,0} & \underbrace{0\,1\,1} & \underbrace{1\,0\,0} & \underbrace{1\,1\,1} \\
 & \downarrow & \downarrow & \downarrow & \downarrow \\
8\,\text{進数}\ : & 6 & 3 & 4 & 7
\end{array}
$$

同様に，**2進数 → 16進数変換**の場合も最下桁より4桁ずつ区切り，つぎのように変換でき，$(110011100111)_2 = (CE7)_{16}$ となる．

$$
\begin{array}{cccc}
2\text{進数} : & \underbrace{1100} & \underbrace{1110} & \underbrace{0111} \\
& \downarrow & \downarrow & \downarrow \\
16\text{進数} : & C & E & 7
\end{array}
$$

この方法を逆に用いると，16, 8進数 → 2進数変換が簡単にできる．

例題 2.3 16進数 $(AB)_{16}$ を 2, 8進数に変換しなさい．

解答 $(A)_{16} = (10)_{10} = (1010)_2$，$(B)_{16} = (11)_{10} = (1011)_2$ なので，

$$
\begin{aligned}
(AB)_{16} &= (\ \ 1 0\ \ 1 0 1\ \ 0 1 1\ )_2 \leftarrow 2\text{進数}\\
&= (\ \underbrace{0 1 0}\ \underbrace{1 0 1}\ \underbrace{0 1 1}\ )_2 \\
& \quad\ \ \downarrow\ \ \ \ \ \downarrow\ \ \ \ \ \downarrow\\
&= (\ \ \ 2\ \ \ \ \ 5\ \ \ \ \ 3\ \ \ )_8 \leftarrow 8\text{進数}
\end{aligned}
$$

区分桁数に満たない場合には，網目のように必要な数だけ "0" を追加する．

2.3 補数と負の2進数

ここでは，補数の定義と負の2進数の補数表示について解説する．

2.3.1 補　数

なじみのある10進数の例を用いて**補数** (complement) を説明する．たとえば，72の補数は $100 - 72 = 28$ と求められ，72に補数28を補って(加算して)100になるので，このよび方をする．この10進数の補数は，2桁の10進数72を10進数 $100 = 10^2$ から差引いた数 $10^2 - 72 = 28$ になっている．これを10進数の10の補数という．補数にはもう一つあり，2桁の10進数72を10進数 $10^2 - 1$ から差引いた数 $(10^2 - 1) - 72 = 27$ を10進数の $10 - 1 = 9$ の補数という．これを p 桁の n 進数 A の補数に一般化すると，n の補数 C^n と $n-1$ の補数 C^{n-1} があり，つぎのように表される．

$$n\text{の補数}\quad : C^n = n^p - A \tag{2.6}$$

$$n-1\text{の補数}: C^{n-1} = n^p - 1 - A \tag{2.7}$$

この式を，上の例に適用すると，$A_{10} = (72)_{10}$ で $n = 10$, $p = 2$ なので，10 と 9 の補数は，つぎのように求められる．

$$C^{10} = 10^2 - 72 = 28, \qquad C^9 = 10^2 - 1 - 72 = 27$$

また，補数の補数を**再補数**という．上の例で再補数をとると

$$C^{10} \text{ の } 10 \text{ の補数} = 10^2 - 28 = 72 = A_{10}$$

$$C^9 \text{ の } 9 \text{ の補数} = 10^2 - 1 - 27 = 72 = A_{10}$$

と元の数になる．一般に，n 進数についても，

補数の補数 (再補数) = 元の数

が成立する．

2.3.2　2進数の補数

p 桁の2進数整数を A として式 (2.6)，式 (2.7) を用いると，2進数の2の補数と1の補数は，つぎのように表すことができる．

$$2 \text{ の補数}: C^2 = 2^p - A \tag{2.8}$$

$$1 \text{ の補数}: C^1 = 2^p - 1 - A \tag{2.9}$$

A に補数 C^2 を加えると 2^p になり，A に補数 C^1 を加えると $2^p - 1$ になることがわかる．式 (2.8) と式 (2.9) から，1の補数と2の補数の間にはつぎの関係が成り立つ．

$$C^2 = C^1 + 1 \tag{2.10}$$

この関係式を用いて，$A = (1011)_2$ の 1 と 2 の補数を求める．$p = 4$ なので，式 (2.9) より

$$
\begin{aligned}
1 \text{ の補数}: C^1 &= 2^4 - 1 \quad &-1011 \quad &\leftarrow A \\
&= 10000 - 1 &-1011 \\
&= 1111 &-1011 \\
&= &0100 \quad &\leftarrow A \text{ の反転}
\end{aligned}
$$

となる．$A (= 1011)$ と 1 の補数 $(= 0100)$ を比較してわかるように，1 の補数は，A の各ディジットを $0 \to 1$，$1 \to 0$ に反転して求められる．2 の補数 C^2

は，式 (2.10) より "1 の補数 $+1$" で求められるので，つぎのように与えられる．

$$2 \text{ の補数}: C^2 = 0100 + 1 = 0101$$

例題 2.4　7 桁の 2 進数 $A = (1000111)_2$ の 1 と 2 の補数を求めなさい．

解答　1 と 2 の補数はつぎの手順で求めることができる．

$$
\begin{array}{rcccccccl}
A & = & 1 & 0 & 0 & 0 & 1 & 1 & 1 \\
& & \downarrow & \downarrow & \downarrow & \downarrow & \downarrow & \downarrow & \downarrow \\
1 \text{ の補数} & = & 0 & 1 & 1 & 1 & 0 & 0 & 0 \quad \leftarrow \quad A \text{ の反転} \\
& & & & & & +1 & & \\
2 \text{ の補数} & = & 0 & 1 & 1 & 1 & 0 & 0 & 1 \quad \leftarrow \quad A \text{ の反転} +1
\end{array}
$$

2.3.3　負数の補数表示

正，負の 2 進数は，"+"，"−" 符号を "0" と "1" で表し，その符号を 2 進数の絶対値につける絶対値表示と補数につける補数表示がある．

n 桁 2 進数整数 $a_{n-1}a_{n-2} \cdots a_1 a_0$ の正，負は，つぎのように**符号ビット＋数値ビット**の $(n+1)$ 桁の形式で表される．

$$
\begin{array}{cc}
(\text{符号ビット}) \quad + & (\text{数値ビット}) \\
a_n & a_{n-1}a_{n-2} \cdots a_1 a_0
\end{array}
\qquad (2.11)
$$

ここで，符号ビット a_n は，つぎのように定義される．

$$a_n = 0 \rightarrow \text{正 "+" の数}, \quad a_n = 1 \rightarrow \text{負 "−" の数} \qquad (2.12)$$

絶対値表示，補数表示のいずれの表示においても，正数は $[$符号ビット $a_n = 0] + [2$ 進数 (数値ビット)$]$ で表される．負数は，絶対値表示では $[a_n = 1] + [2$ 進数 (数値ビット)$]$ で表示され，補数表示では (i) $[a_n = 1] + [1$ の補数$]$ と (ii) $[a_n = 1] + [2$ の補数$]$ の二つの表示がある．

1 または 2 の補数表示で符号なし 2 進数 (数値ビット) を A，符号つき 2 進数の正数を A_+，負数を A_- とすると，負数 A_- は

$$A_-(\text{負数}) = A_+(\text{正数}) \text{ の 1 または 2 の補数} \qquad (2.13)$$

として表される．また，±A は，符号つき 2 進数を用いて

$$+A = +(A_+ \text{の数値ビット}) \tag{2.14}$$

$$-A = -(A_- \text{の補数の数値ビット}) \tag{2.15}$$

として与えられる．

これらの数表示を 3 数値ビットの例で表 2.2 に示す．絶対値表示には，1 の補数表示と同様に +0, −0 の 2 種類の "0" がある．2 の補数表示では，表示範囲は +7 から −8 で，"0" は "+0" のみで表示される．

例として，4 ビット 2 進数 $A = 0110$ の補数表示の符号つき 2 進数 A_+, A_- を求める．A_+ は A に符号ビット 0 をつけて $A_+ = 00110$ と表される．A_- は，式 (2.13) より A_+ の補数で表されるので，つぎのように与えられる．

1 の補数表示：$A_+ = 00110$, $A_- = 11001$ (A_+ の 1 の補数)

2 の補数表示：$A_+ = 00110$, $A_- = 11010$ (A_+ の 2 の補数)

表 2.2　符号つき 2 進数 (3 数値ビット)

10 進数	絶対値表示	1 の補数表示	2 の補数表示
+7	0 1 1 1	0 1 1 1	0 1 1 1
+6	0 1 1 0	0 1 1 0	0 1 1 0
+5	0 1 0 1	0 1 0 1	0 1 0 1
+4	0 1 0 0	0 1 0 0	0 1 0 0
+3	0 0 1 1	0 0 1 1	0 0 1 1
+2	0 0 1 0	0 0 1 0	0 0 1 0
+1	0 0 0 1	0 0 0 1	0 0 0 1
+0	0 0 0 0	0 0 0 0	0 0 0 0
−0	1 0 0 0	1 1 1 1	- - - -
−1	1 0 0 1	1 1 1 0	1 1 1 1
−2	1 0 1 0	1 1 0 1	1 1 1 0
−3	1 0 1 1	1 1 0 0	1 1 0 1
−4	1 1 0 0	1 0 1 1	1 1 0 0
−5	1 1 0 1	1 0 1 0	1 0 1 1
−6	1 1 1 0	1 0 0 1	1 0 1 0
−7	1 1 1 1	1 0 0 0	1 0 0 1
−8	- - - -	- - - -	1 0 0 0

例題 2.5　5 桁の 2 進数 $A = (10101)_2$ の正数と負数を 1 と 2 の補数表示で示しなさい．

解答　A の 1 と 2 の補数は，つぎのように求めることができる．

A の 1 の補数 $= 01010$ ← A の反転
A の 2 の補数 $= 01011$ ← A の反転 $+1$
∴ 1 の補数表示： $A_+ = 010101, A_- = 101010$
　2 の補数表示： $A_+ = 010101, A_- = 101011$

2.4　2 進数の四則演算

2 進数の四則演算は，10 進数と同様な方法で演算できるが，コンピュータでは，それに適した特殊な方法で演算される．ここでは，まず基本的な四則演算を説明し，つぎに補数を用いた符号つき 2 進数演算法について解説する．この演算は，後述する演算回路に用いられる．

2.4.1　基本四則演算

(1) 加　算

1 ビット 2 進数の加算には，つぎに示す 4 通りがある．2 進数演算では $1+1=10$ と 2 桁になり，桁上げが生じる．この桁上げを [1] で示した．このように，演算結果が最上位桁 (MSB) を越える場合を**オーバフロー** (overflow) という．

```
    0      0      1      1
 +) 0   +) 1   +) 0   +) 1
 ───    ───    ───    ───
    0      1      1   [1] 0
```

1 ビット以上の 2 進数の加算は，下桁から加算し，桁上げを逐次上桁に加算してゆく．つぎに $7+5=(12)_{10}$ の加算例を示す．

```
    桁上げ  →    [1] [1] [1]
                  ↖   ↖   ↖
       7   →        1  1  1
    +) 5   →    +)  1  0  1
    ────        ──────────
      12   →    [1] 1  0  0
```

(2) 減　算

1 ビットの減算はつぎに示すように 4 通りある．

```
    0      0                    1      1
 -) 0   -) 1        →        -) 0   -) 1
 ───    ───                   ───    ───
    0     -1       (1 1)         1      0
                 ‾‾‾‾‾
              負数の 2 の補数表示
                (表 2.2 参照)
```

演算 "$0-1$" は -1 の負数になる．この負数を表 2.2 の 2 の補数表示で表すと，$-1 \to 11$ になる．この負数の補数表示 11 を用いて $0-1 = -1 \to 11$ と表示した．これは，上桁から "1" を借り，その差 $(10)_2 - (01)_2 = (01)_2$ と借りの "1" を並べて (■1) と表示するのに対応する．ここで，■ は上桁からの借りの "1" を表す．

1 ビット以上の 2 進数の減算の場合も，下桁より逐次減算をしていく．減算 $6-3 = (3)_{10}$ の減算例をつぎに示す．

```
        桁借り  →        [1] [1]
                            ↘  ↘
            6   →        1  1  0
         -) 3   →     -) 0  1  1
            3   →        0  1  1
```

ここで，[1] は上桁からの借りを示す．減算は補数を用いて演算できる．この補数演算については，次節で述べることにする．

(3) 乗算と除算

1 ビット 2 進数の基本乗算は，つぎの 4 通りがある．

```
     0        0        1        1
  ×) 0     ×) 1     ×) 0     ×) 1
  ────     ────     ────     ────
     0        0        0        1
```

除算の場合は，$0 \div 0 =$ 不定，$1 \div 0 =$ 無限大となるため，基本除算はつぎの 2 通りである．

$$0 \div 1 = 0, \qquad 1 \div 1 = 1$$

1 ビット以上の 2 進数の乗算，除算は 1 ビットの基本演算をもとに，10 進数と同様な方法で演算できる．演算例は，ここでは省略する．

2.4.2　符号なし 2 進数減算

符号なし 2 進数の減算は，つぎに述べるように補数を用いた加算として演算できるので補数加算とよぶ．以下，1 の補数と 2 の補数に分けて演算結果がオーバフローを起こさない場合の演算方法について述べる．

(1) 1 の補数加算

A, B を p 桁の 2 進数，B の 1 の補数を C^1 とすると，式 (2.9) より

$$C^1 = 2^p - 1 - B \quad \to \quad -B = C^1 - 2^p + 1$$

と与えられる．両辺に A を加えると，

$$A - B = A + C^1 - 2^p + 1 \tag{2.16}$$

と表され，減算 $A-B$ は，A と補数 C^1 の加算（-2^p+1 を除いて）として与えられる．

つぎに，A, B を $p=4$ 桁の 2 進数とし，式 (2.16) に従って演算方法を示す．演算方法は，$A-B$ の値の正負により異なるので，$A>B$ と $A<B$ に分けて説明する．

(i) $A > B$ の場合　$[A = (1111)_2 = (15)_{10}, B = (1001)_2 = (9)_{10}]$

$A-B$ の演算ステップを図式化して図 2.5 に示す．ここで，B の 1 の補数は $C^1 = (0110)_2$（B のビット反転）で与えられる．図の右側の欄には，式 (2.16) の各項と各行の数値との対応を示した．

$$
\begin{array}{rl}
A - B = & \qquad\qquad A + C^1 - 2^4 + 1 \\
 & 1111 \qquad\leftarrow\quad A \\
+) & 0110 \qquad\leftarrow\quad C^1 \\
\hline
 & [1]0101 \quad\leftarrow\quad A + C^1 \quad \text{桁上げ [1] あり} \\
- & 10000 \quad\leftarrow\quad -2^4 \\
+ & 0001 \quad\leftarrow\quad +1 \ (\text{[1] の循環桁上げ EAC}) \\
\hline
\therefore A - B = & 0110 = (6)_{10} \quad\leftarrow\quad A + C^1 - 2^4 + 1
\end{array}
$$

図 2.5　1 の補数加算，$A > B$ の場合

この演算では，$A+C^1$ の行の桁上げ [1] は，つぎの行の $-2^4 = -(10000)_2$ で打ち消される．つぎの +1 の行は網目の **1** として LSB に加え，最終結果が得られる．この演算では，$-(10000)_2$ の演算を省略し，直接，桁上げ [1] を **1** に回して $A+C^1$ に加算しても同じ結果になる．この操作を**循環桁上げ** (end around carry : EAC) という．また，この例のように結果が**正数**のときは，常に桁上げが発生する．

(ii) $A < B$ の場合　$[A = (1001)_2 = (9)_{10}, B = (1111)_2 = (15)_{10}]$

$A-B$ の演算ステップを図 2.6 に示す．ここで，B の補数は $C^1 = (0000)_2$（B のビット反転）で与えられる．(i) の場合と同様に，図の右側の欄には，式 (2.16) の各項と各行の数値との対応を示した．

$$
\begin{aligned}
A - B &= & & A + C^1 - (2^4 - 1) \\
&= \ 1\ 0\ 0\ 1 & \leftarrow & \ A \\
+)& \ \ 0\ 0\ 0\ 0 & \leftarrow & \ C^1 \\
\hline
& [0]1\ 0\ 0\ 1 & \leftarrow & \ A + C^1 \quad 桁上げなし \\
-& \ \ 1\ 1\ 1\ 1 & \leftarrow & \ -(2^4 - 1) \quad 1の補数 \\
\hline
\therefore A - B &= -0\ 1\ 1\ 0\ = -(6)_{10} & \leftarrow & \ A + C^1 - (2^4 - 1)
\end{aligned}
$$

図 2.6 1の補数加算，$A < B$ の場合

この演算では，

$$A - B = (A + C^1) - (2^4 - 1) = (1001) - (2^4 - 1) = -\{(2^4 - 1) - (1001)\}$$

と表されるので，$A - B$ は $A + C^1 = (1001)$ の 1 の補数に "$-$" をつけた結果になる．$-(2^4 - 1)$ 行のステップは，この (1001) の 1 の補数をとる操作に対応する．結果が**負数**のときは，常に桁上げは起こらない．

（2）2の補数加算

A，B を p 桁の 2 進数，B の 2 の補数を C^2 とすると，式 (2.8) より，

$$C^2 = 2^p - B \quad \rightarrow \quad -B = C^2 - 2^p$$

となる．両辺に A を加えると，

$$A - B = A + C^2 - 2^p \tag{2.17}$$

と表され，$A - B$ は A と 2 の補数 C^2 の加算形式で与えられる．

つぎに，その演算例を示す．1 の補数加算と同様に，$A - B$ の正負の場合に分けて演算方法を示す．

（i）$A > B$ の場合　　$[A = (1111)_2 = (15)_{10}, B = (1001)_2 = (9)_{10}]$

$A - B$ の演算ステップを図式化して図 2.7 に示す．ここで，B の補数は $C^2 = (0111)_2$（B の反転 +1）で与えられる．図の右側の欄には，式 (2.17) の各項と各行の数値との対応を示した．

ここで，$A + C^2$ 行の桁上げ [1] はつぎの行の -2^4 で打ち消されるので，$A + C^2 = [1]0110 \rightarrow 0110$ になり，結果的に桁上げ [1] を無視したことになる．

（ii）$A < B$ の場合　　$[A = (1001)_2 = (9)_{10}, B = (1111)_2 = (15)_{10}]$

$A - B$ の演算ステップを図 2.8 に示す．ここで，B の補数は $C^2 = (0001)_2$（B の反転 +1）と与えられる．図の右側の欄には，式 (2.17) の各項と各行の数値との対応を示した．

$$
\begin{aligned}
A - B &= & & A + C^2 - 2^4 \\
&= 1\,1\,1\,1 & \leftarrow\ & A \\
&+)\ 0\,1\,1\,1 & \leftarrow\ & C^2 \\
&\overline{[1]0\,1\,1\,0} & \leftarrow\ & A + C^2\quad\text{桁上げ [1] あり} \\
&-\underline{1\,0\,0\,0\,0} & \leftarrow\ & -2^4\quad\text{[1] の打ち消し} \\
\therefore A - B &= 0\,1\,1\,0 = (6)_{10} & \leftarrow\ & A + C^2 - 2^4
\end{aligned}
$$

図 2.7　2 の補数加算，$A > B$ の場合

$$
\begin{aligned}
A - B &= & & A + C^2 - 2^4 \\
&= 1\,0\,0\,1 & \leftarrow\ & A \\
&+)\ 0\,0\,0\,1 & \leftarrow\ & C^2 \\
&\overline{[0]1\,0\,1\,0} & \leftarrow\ & A + C^2\ \text{桁上げなし} \\
&-\underline{1\,0\,0\,0\,0} & \leftarrow\ & -2^4\ \text{2 の補数} \\
\therefore A - B &= -0\,1\,1\,0 = -(6)_{10} & \leftarrow\ & A + C^2 - 2^4
\end{aligned}
$$

図 2.8　2 の補数加算，$A < B$ の場合

この演算では，$A - B = (A + C^2) - 2^4 = (1010) - 2^4 = -\{2^4 - (1010)\}$ なので，結果は $(A + C^2) = (1010)$ の 2 の補数に "−" 符号をつけて与えられる．2^4 の行のステップは，この (1010) の補数をとる操作に対応する．

2.4.3　符号つき 2 進数加算

符号つき 2 進数の加減算では，絶対値表示や 1 の補数表示の符号つき 2 進数より 2 の補数表示の符号つき 2 進数がよく使用される．ここでは，2 の補数表示の符号つき 2 進数加算について述べる．

符号なし 2 進数を A，B，2 の補数表示の符号つき 2 進数を $A_{\pm}$，$B_{\pm}$ とする．A，B に符号ビット "0" を含めて，$A_{\pm}$，$B_{\pm}$ と同じ桁数 p にすると，

$$A_+ = A,\quad B_+ = B,$$

となる．A_-，B_- は式 (2.8)，(2.13) より

$$A_- = 2^p - A_+ = 2^p - A,\quad B_- = 2^p - B_+ = 2^p - B$$

と表される．$A_{\pm} + B_{\pm}$ の加算式は，つぎの 4 通りの組み合わせで A，B のすべての加算，減算を表すことができる．各式の右側には対応する A，B の加算，減算式を示した．

$$A_+ + B_+ = A + B \qquad \rightarrow \quad A+B \tag{2.18}$$

$$A_- + B_+ = 2^p - A + B \qquad \rightarrow \quad -A+B \tag{2.19}$$

$$A_+ + B_- = 2^p + A - B \qquad \rightarrow \quad A-B \tag{2.20}$$

$$A_- + B_- = 2^p - A + 2^p - B \quad \rightarrow \quad -A-B \tag{2.21}$$

つぎに正しい加算結果を与える演算方法を示す.

2の補数表示の場合の演算例

例として,A, B をつぎの符号ビット 0,数値ビット 3 桁の 2 進数とする.

$$A = (0011)_2 = (3)_{10}, \quad B = (0010)_2 = (2)_{10} \quad (A > B)$$

これより演算方法を示す.ここでは,演算結果が数値ビットの 3 桁の範囲内 (オーバフローしない) とする.符号つき 2 進数 $A_\pm$, $B_\pm$ は,つぎのように与えられる.

$$A_+ = A = 0011, \quad A_- = 2^4 - A = 1101 \, (A \text{ のビット反転} + 1)$$

$$B_+ = B = 0010, \quad B_- = 2^4 - B = 1110 \, (B \text{ のビット反転} + 1)$$

(1) $A_+ + B_+$
式 (2.18) より,$A_+ + B_+ = 0011 + 0010 = 0101 = (+5)_{10} = A + B$ になる.

(2) $A_- + B_+$

$$
\begin{array}{rll}
A_- + B_+ \;=\; & 1101 & \leftarrow A_- \\
+) & \underline{0010} & \leftarrow B_+ \\
& [0]1111 = (-1)_{10} & \leftarrow -(A-B) \text{ の 2 の補数表示}
\end{array}
$$

この演算で,$A - B = 0011 - 0010 = 0001$ で式 (2.19) より,$A_- + B_+ = 2^4 - (A - B) = 2^4 - 0001 = 1111$ になる.この 1111 は表 2.2 より,$-(A - B) = -0001$ の 2 の補数表示になっている.

(3) $A_+ + B_-$

$$
\begin{array}{rll}
A_+ + B_- \;=\; & 0011 & \leftarrow A_+ \\
+) & \underline{1110} & \leftarrow B_- \\
{[1]\text{を無視} \rightarrow} & [1]0001 = (+1)_{10} & \leftarrow (A-B)
\end{array}
$$

ここで，式 (2.20) より，$A_+ + B_- = [2^4] + (A - B)$ なので，5 桁目の桁上げ $[2^4]$ を差引く (無視する) と，正しい演算結果 $A - B = 0001$ が得られる．

(4) $A_- + B_-$

$$
\begin{array}{rll}
A_- + B_- \;=\; & 1101 & \leftarrow A_- \\
+) & 1110 & \leftarrow B_- \\
\hline
[1]\text{を無視} \rightarrow \quad [1]1011 \;=\; (-5)_{10} & & \leftarrow -(A+B) \text{の 2 の補数表示}
\end{array}
$$

ここで，式 (2.21) より，$A_- + B_- = [2^4] + \{[2^4] - (A + B)\}$ と表され，桁上げ $[2^4]$ を一つ無視すると，正しい演算結果 $\{[2^4] - (A + B)\}$ が得られ，負数 $-(A + B)$ の 2 の補数表示になる．

以上の例より，符号つき 2 進数で加算結果 S を求めるには，5 桁目の [桁上げ] を C[†]として，式 (2.18)〜(2.21) より

$$S = A_\pm + B_\pm - \mathrm{C} \times 2^4 \tag{2.22}$$

で与えられる．ここで，$-\mathrm{C} \times 2^4$ は，桁上げの打ち消しに対応する．また，$A = 0000$ を含む演算の場合は，表 2.2 より $A_- = 0000$ とする．

2.5 符号体系

コンピュータでは，(0,1) の数配列による 2 進数符号を変換することにより，一般に用いられる 10 進数にするが，その変換にはいくつかのコード体系が使われている．ここでは，コンピュータでよく使われるコード体系のなかで本書で使用する BCD コード，グレイコードについて紹介する．

2.5.1 BCD コード

BCD コードは binary coded decimal の略語で，10 進数 1 桁を 4 桁の 2 進数で表示した符号体系である．10 進数の $(0, 1, 2, 3, \cdots , 9)$ は $(0000, 0001, 0010, 0011, \cdots , 1001)$ と表される．たとえば，3 桁の 10 進数 $(128)_{10}$ を BCD コードで表すと，10 進各桁に 4 桁 2 進数が対応し，つぎのように示される．

$$
\begin{array}{rcccc}
10\text{進数} & : & (\quad 1 & 2 & 8 \quad)_{10} \\
& & \downarrow & \downarrow & \downarrow \\
\text{BCD コード} & : & (\quad 0001 & 0010 & 1000 \quad)_{\text{BCD}}
\end{array}
$$

[†] 桁上げ C は C (イタリック体) と区別するためにローマン体を使用する．

2.5 符号体系

表 2.3 10 進数と BCD コード，グレイコードの対応表

10 進数	2 進数	BCD コード	グレイコード	
0	0000	0000	0000	
1	0001	0001	0001	a
2	0010	0010	0011	
3	0011	0011	0010	b
4	0100	0100	0110	
5	0101	0101	0111	
6	0110	0110	0101	
7	0111	0111	0100	c
8	1000	1000	1100	
9	1001	1001	1101	
10	1010	0001 0000	1111	
11	1011	0001 0001	1110	
12	1100	0001 0010	1010	
13	1101	0001 0011	1011	
14	1110	0001 0100	1001	
15	1111	0001 0101	1000	d

表 2.3 には，0 から 15 まで 10 進数と BCD コードとの対応を示す．次節で述べるグレイコードと 2 進数も同時に示した．

この数表示は，10 進数の 0 から 9 が 2 進数 4 ビットで表示できるので，10 進数との対応が比較的容易であることから，コンピュータの出力表示などによく用いられる．また，この 4 桁 2 進数の各桁が 8，4，2，1 の重みがついていることから，**8-4-2-1 コード** ともいう．

2.5.2 グレイコード

グレイコード (grey code) は，(0, 1) の数配列で構成される符号体系で，表 2.3 に 4 ビットのグレイコードを 10 進数 0〜15 と対応して示す．図に示すように，隣接する数配列で 1 ビットのみ値を 1 だけ変えるように配列してある．このような隣接する数配列が 1 だけ異なるとき「**ハミング距離が 1**」であるという．このグレイコード数配列の性質は，後述するカルノー図による論理式の簡単化に利用される．

表 2.3 の網目部分より，下 1 桁のビットは a 線を中心に，下 1，2 桁のビットは b 線を中心に上下対称に配列されていることがわかる．この性質を用いてグレイコードを作成する．まず，10 進数 0，1 をグレイコード 0000，0001 に対応させ，下 1 桁に 0，1 を配列する．10 進数 2，3 では，グレイコード下 2 桁に 1 を入れ，下 1 桁に a 線を中心として上下対称になるように 1，0 を配列する．10 進数 4，5，6，7 では，グレイコード下 3 桁に 1 を入れ，下 2 桁に b 線を中心に上下対称になるように 10，11，01，00 を配列する．この配列規則を順次上の

桁に適用し，グレイコードを作成する．5桁のグレイコードは，d線を中心として上下対称に下4桁を配列する．5桁には，10進数0〜15では0，16〜31では1を入れて作成する．

グレイコードと2進数の変換は，論理演算の一つである**排他的論理和**(ExOR)（第4章参照）を用いると簡単に実行できる．ここで，記号 $\oplus$ は ExOR を表し，X，Y は "0" または "1" の数値で，つぎの機能をもつ．

$$X = Y \rightarrow X \oplus Y = 0$$
$$X \neq Y \rightarrow X \oplus Y = 1$$

図2.9にこの変換方法を図式化して示した．(a)は2進数→グレイコード変換法を示す．最上位のビットはそのままグレイコードの最上位のビットになる．その後の下位ビットは，図に示すようにExORをとり，$1 \oplus 0 = 1$，$0 \oplus 1 = 1$，$1 \oplus 0 = 1$となり，2進数 $(1010)_2$ はグレイコード $(1111)_{grey}$ に変換される．(b)はグレイコード→2進数変換法を示す．この変換においても，最上位のビットはそのまま2進数の最上位のビットになる．以後のビットは図に示すように2進数とグレイコードのビットのExORをとり変換できる．変換された2進数は $(1010)_2$ となり，表2.3と一致することがわかる．

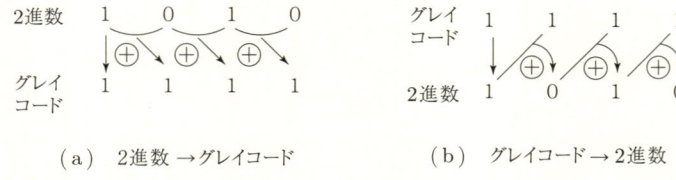

(a) 2進数→グレイコード　　　(b) グレイコード→2進数

図 2.9 2進数とグレイコードの変換例

例題 2.6　$A = (10101)_2$ をグレイコードに，$B = (10101)_{grey}$ を2進数に変換しなさい．

解答　図2.9 (a), (b) の変換方法に従って求める．
$$A = (10101)_2 = (11111)_{grey}$$
$$B = (10101)_{grey} = (11001)_2$$

演習問題

2.1 つぎの2進数を10進数に変換しなさい．
(1) 101010　(2) 001111　(3) 110.011　(4) 1010.101　(5) 10000000000

2.2 つぎの10進数を2進数に変換しなさい．
(1) 23　(2) 13.75　(3) 0.35　(4) 1024　(5) 0.03125

2.3 つぎの10進数を2進数，8進数，16進数とBCDコードで示しなさい．
(1) $(15)_{10}$　(2) $(52)_{10}$　(3) $(120)_{10}$　(4) $(254)_{10}$　(5) $(511)_{10}$

2.4 つぎの2進数の1と2の補数を求めなさい．
(1) 110011　(2) 100000　(3) 111111　(4) 000000

2.5 $A = (110011)_2$，$B = (101100)_2$ とし，つぎの問いに答えなさい．演算結果は$(+, -)$符合・2進数の絶対値表示で求めなさい．
(1) A，B の1の補数を求めなさい．
(2) 1の補数を用いて，
　　(a) $A+B$　(b) $A-B$　(c) $-A+B$　(d) $-A-B$　を演算しなさい．
(3) A，B の2の補数を求めなさい．
(4) 2の補数を用いて，
　　(a) $A+B$　(b) $A-B$　(c) $-A+B$　(d) $-A-B$　を演算しなさい．

2.6 数値ビット5桁の2進数を $A = (10010)_2$，$B = (01001)_2$ とし，つぎの問いに答えなさい．
(1) 符号つき2進数を A_+，A_-，B_+，B_- として1の補数表示で示しなさい．
(2) 符号つき2進数を A_+，A_-，B_+，B_- として2の補数表示で示しなさい．
(3) この符号つき2進数を用いて，2の補数表示で
　　(a) $A+B$　(b) $-A+B$　(c) $A-B$　(d) $-A-B$　を求めなさい．

2.7 つぎの2進数をBCDコードとグレイコードに変換しなさい．
(1) $(101010)_2$　(2) $(111000)_2$　(3) $(110011)_2$

2.8 つぎのグレイコードを2進数とBCDコードに変換しなさい．
(1) $(101110)_{grey}$　(2) $(101001)_{grey}$　(3) $(100001)_{grey}$

第3章

論理代数

論理代数は，1847年にド・モルガン (A. De Morgan)，ポレッキー (P. S. Porezki)，ブール (G. Boole) らの数学者グループにより考案された記号論理学で，**ブール代数** (Boolean algebra) とよばれる．その後，1938年に，シャノン (C. E. Shannon) によりディジタル回路への適応性が体系化され，今日のように広く実用的に使われる論理代数として発展した．一般に，ブール代数は多値論理の代数であるが，ディジタル回路に用いられるブール代数は2値論理の代数である．この代数はディジタル回路の唯一の基礎理論であり，回路の設計や解析に有効に使われている．

3.1 ブール代数

2値論理のブール代数は二つの**論理値** "**1**"，"**0**" と，論理和，論理積，否定の三つの基本演算を用い**基本定理**に従って組み立てられた代数である．二つの論理値1，0は，論理代数の「真」，「偽」に対応し，**真理値** (truth value) とよばれる．ブール代数の論理和，論理積は，今までの代数の加算と乗算に対応するが，減算と除算に対応する演算はない．

3.1.1 基本論理演算

(1) 論理和

論理変数 A, B の論理式 F が，

$$F = A + B \tag{3.1}$$

と表され，

(i) A, B のいずれか一方，または，両方が "1" のとき，
$$A + B = 1 \tag{3.2}$$
(ii) A, B の両方がともに "0" のとき，
$$A + B = 0 \tag{3.3}$$
になる演算 $A+B$ を A, B の**論理和** (logical sum)，または，**OR** という．A, B の値のすべての組み合わせに対して式 (3.2)，(3.3) をまとめると表 3.1 が得られる．これを論理和の**真理値表** (truth table) という．

表 3.1　論理和の真理値表

A	B	$A+B$
0	0	0
0	1	1
1	0	1
1	1	1

（2）論理積

A, B に対し F が，
$$F = A \cdot B \quad または \quad F = AB \tag{3.4}$$
と表され，

(i) A, B が両方とも "1" のとき，
$$A \cdot B = 1 \tag{3.5}$$
(ii) A, B のどちらか一方が "0" のとき，
$$A \cdot B = 0 \tag{3.6}$$
になる演算 $A \cdot B$[†] を A, B の**論理積** (logical product) または，**AND** という．真理値表は，式 (3.5)，(3.6) より表 3.2 で与えられる．

表 3.2　論理積の真理値表

A	B	$A \cdot B$
0	0	0
0	1	0
1	0	0
1	1	1

---

†）$A \cdot B = AB$ であるので，"·" は不要であるが，理解しやすいように一部は挿入して表記した．

(3) 否　定

A に対し F が，

$$F = \overline{A} \tag{3.7}$$

と表され，

(ⅰ) $A = 0$ のとき，

$$\overline{A} = 1 \tag{3.8}$$

(ⅱ) $A = 1$ のとき，

$$\overline{A} = 0 \tag{3.9}$$

になる演算 $\overline{A}$ を A の**否定** (negation)，**NOT**，または**補元** (complement) という．真理値表は表 3.3 に示した．$\overline{A}$ は，エイバーと読み，A の反転ともいう．

表 3.3 否定の真理値表

A	$\overline{A}$
0	1
1	0

3.1.2　ブール代数の定理

前述の基本論理演算をもとに，ブール代数の基本的な諸定理を導くことができる．表 3.4 にこれらの定理を示す．

表 3.4 ブール代数の諸定理

定理	定理式 (1)	定理式 (2)	
1	$A \cdot 0 = 0 \cdot A = 0$	$A + 1 = 1 + A = 1$	基本定理
2	$A \cdot 1 = 1 \cdot A = A$	$A + 0 = 0 + A = A$	
3	$\overline{0} = 1$	$\overline{1} = 0$	
4	$A + A = A$	$A \cdot A = A$	同一則
5	$A + \overline{A} = 1$	$A \cdot \overline{A} = 0$	補元則
6	$\overline{(\overline{A})} = A$		復元則
7	$A + B = B + A$	$A \cdot B = B \cdot A$	交換則
8	$(A + B) + C$ $= A + (B + C)$	$(A \cdot B) \cdot C$ $= A \cdot (B \cdot C)$	結合則
9	$A \cdot (B + C)$ $= A \cdot B + A \cdot C$	$A + B \cdot C$ $= (A + B) \cdot (A + C)$	分配則
10	$\overline{A \cdot B} = \overline{A} + \overline{B}$	$\overline{A + B} = \overline{A} \cdot \overline{B}$	ド・モルガンの定理

定理 1，2 は論理和演算と論理積演算，定理 3 は否定演算の定義に対応している．基本定理 1〜3，または真理値表を用いるとつぎの定理 4〜10 を導くことができる．ここでは，これらの定理の導出は省略する．

各定理で，定理式 (1)，定理式 (2) 欄の式は，$(\cdot, +) \Leftrightarrow (+, \cdot)$, $(0, 1) \Leftrightarrow (1, 0)$ の相互変換の形式で並記されている．後で述べるように，定理式 (1)，(2) は双対の関係にあるという．また，定理 1 と定理 4 を用いるとつぎの関係式を導くことができる．

定理 1 の定理式 (2)：$1 + A = 1$ → $1 + A + B + C + \cdots = 1$

定理 4 の定理式 (1)：$A + A = A$ → $A + A + A + \cdots = A$

定理 4 の定理式 (2)：$A \cdot A = A$ → $A \cdot A \cdot A \cdots = A$

定理 10 は，**ド・モルガンの定理**とよばれ，よく使われる定理の一つである．この定理は，つぎのように多変数に拡張することができる．

$$\overline{A \cdot B \cdot C \cdots} = \overline{A} + \overline{B} + \overline{C} + \cdots \tag{3.10}$$

$$\overline{A + B + C + \cdots} = \overline{A} \cdot \overline{B} \cdot \overline{C} \cdots \tag{3.11}$$

論理式の等式が成立することは，真理値表，または，定理を用いて示すことができる．

例題 3.1 定理 1〜3 を用いて，定理 4 の定理式 (1) $A + A = A$ が成り立つことを示しなさい．

解答 基本定理による方法

$A = 0$ のとき，定理 2 の定理式 (2) より，$A + A = A + 0 = A$
$A = 1$ のとき，定理 1 の定理式 (2) より，$A + A = A + 1 = 1 = A$
$\therefore \quad A + A = A$

例題 3.2 (1) 真理値表，(2) 定理を用いて論理式 $A + \overline{A} \cdot B = A + B$ が成り立つことを示しなさい．

解答 (1) 真理値表による方法

例題の関係式の左辺，右辺が A, B の真理値に対して比較できるように，つぎのように真理値表 (表 3.5) を作成する．この表から，A, B の値のすべての組み合わせに対して $A+\overline{A}\cdot B$ の欄と $A+B$ の欄の真理値は等しいので，左辺 = 右辺が成り立つ．

$$\therefore \quad A+\overline{A}\cdot B = A+B$$

表 3.5

A	B	$\overline{A}$	$\overline{A}\cdot B$	左辺 $=A+\overline{A}\cdot B$	右辺 $=A+B$
0	0	1	0	0	0
0	1	1	1	1	1
1	0	0	0	1	1
1	1	0	0	1	1

(2) 定理による方法

例題の関係式の右辺は，

$$\begin{aligned}
\text{左辺} &= \underbrace{A+\overline{A}\cdot B} \\
&= \underbrace{(A+\overline{A})}\cdot(A+B) \quad (\text{定理 9-(2)}: A+B\cdot C=(A+B)\cdot(A+C)) \\
&= \quad 1 \quad \cdot(A+B) \quad (\text{定理 5-(1)}: A+\overline{A}=1) \\
&= A+B = \text{右辺}
\end{aligned}$$

$$\therefore \quad A+\overline{A}\cdot B = A+B$$

3.1.3 双対性

表 3.4 の定理式 (1), (2) は対として並記して示した．これらの二つの式の間では

$$\text{``}+\text{''} \Leftrightarrow \text{``}\cdot\text{''}, \quad \text{``}0\text{''} \Leftrightarrow \text{``}1\text{''}$$

の交換により，一方の式から他方の式に変換できることを示している．このような論理式の変換関係を**双対性**という．この双対性は，ド・モルガンの定理の一般化として導くことができる．

論理変数 A, B, C, $\cdots$ の論理関数を $F(A,B,C,\cdots;+,\cdot,0,1)$ とすると，ド・モルガンの定理の一般式 (3.11) はつぎのように表せる．

3.1 ブール代数　33

$$\overline{F(A,B,C,\cdots;+,\cdot,0,1)} = F(\overline{A},\overline{B},\overline{C},\cdots;\cdot,+,1,0) \quad (3.12)$$

ここで，右辺の F は，左辺の変数 A, B, C を $A \to \overline{A}$, $B \to \overline{B}$, $C \to \overline{C}$，最後の4項 $(+,\cdot,0,1) \to (\cdot,+,1,0)$ に入れ替えた式である．ここで，式(3.12)の変数 A, B, C のみを $A \to \overline{A}$, $B \to \overline{B}$, $C \to \overline{C}$ と入れ替えると，

$$\overline{F(\overline{A},\overline{B},\overline{C},\cdots;+,\cdot,0,1)} = F(A,B,C,\cdots;\cdot,+,1,0) \quad (3.13)$$

が成り立つ．

いま，二つの論理関数 F, G がつぎの恒等式を満たすとする．

$$F(A,B,C,\cdots;+,\cdot,0,1) = G(A,B,C,\cdots;+,\cdot,0,1) \quad (3.14)$$

この式の両辺に式(3.12)，式(3.13)を適用すると，それぞれの右辺は $(+,\cdot,0,1) \to (\cdot,+,1,0)$ の変換で

$$F(\overline{A},\overline{B},\overline{C},\cdots;\cdot,+,1,0) = G(\overline{A},\overline{B},\overline{C}\cdots;\cdot,+,1,0) \quad (3.15)$$

$$F(A,B,C,\cdots;\cdot,+,1,0) = G(A,B,C\cdots;\cdot,+,1,0) \quad (3.16)$$

が成り立つ．この関係式は「等式の両辺の式に $(+,\cdot,0,1) \to (\cdot,+,1,0)$ の変換をすると，変換された式も，また等式となる」と述べることができ，**双対定理**(duality theorem)という．

この双対定理を用いると，表3.4のそれぞれの定理式(1)から，定理式(2)を導くことができる．

例題 3.3　双対定理を定理9-(1)に適用して定理9-(2)を導きなさい．

解答　$F(A,B,C;+,\cdot,0,1) = A \cdot (B+C)$
$G(A,B,C;+,\cdot,0,1) = A \cdot B + A \cdot C$

とすると，定理9-(1)は

$$F(A,B,C;+,\cdot,0,1) = G(A,B,C;+,\cdot,0,1)$$

と表せる．式(3.16)を適用して，$(+,\cdot,0,1) \to (\cdot,+,1,0)$ に入れ替えると，

$$F(A, B, C; \cdot, +, 1, 0) = A + B \cdot C,$$
$$G(A, B, C; \cdot, +, 1, 0) = (A + B) \cdot (A + C)$$
$$\therefore \quad A + B \cdot C = (A + B) \cdot (A + C) \quad \leftarrow \text{定理 9–(2)}$$

が導かれる．このように，双対定理を適用すると，一つの関係式から双対な他の関係式を簡単に導くことができる．

例題 3.4 定理を用いてつぎの等式が成立することを示しなさい．また，双対定理より導かれる論理式を求めなさい．

(1) $AB + BC + C\overline{A} = AB + C\overline{A}$

(2) $(A + B)(\overline{A} + C) = AC + \overline{A}B$

解答 (1) 左辺 $= AB + BC + C\overline{A}$
$$= AB + BC(A + \overline{A}) + C\overline{A} \qquad (A + \overline{A} = 1)$$
$$= AB + ABC + \overline{A}BC + C\overline{A}$$
$$= AB(1 + C) + \overline{A}C(1 + B) = AB + C\overline{A} \quad (1 + A = 1)$$
$$= \text{右辺}$$

$$\therefore \quad AB + BC + C\overline{A} = AB + C\overline{A} \qquad \text{(i)}$$

式 (i) に双対定理を適用すると，

$$\text{左辺} = (A + B)(B + C)(C + \overline{A})$$
$$\text{右辺} = (A + B)(C + \overline{A})$$
$$\therefore \quad (A + B)(B + C)(C + \overline{A}) = (A + B)(C + \overline{A})$$

が成立し，新しい関係式が導かれる．

(2) 左辺 $= (A + B)(\overline{A} + C) = A\overline{A} + AC + B\overline{A} + BC$
$$= AC + \overline{A}B + BC(A + \overline{A}) \qquad (A\overline{A} = 0, \ A + \overline{A} = 1)$$
$$= AC + \overline{A}B + ABC + \overline{A}BC = AC(1 + B) + \overline{A}B(1 + C)$$
$$= AC + \overline{A}B = \text{右辺}$$

$$\therefore \quad (A + B)(\overline{A} + C) = AC + \overline{A}B \qquad \text{(ii)}$$

式 (ii) に双対定理を適用すると，左辺 $= AB + \overline{A}C$，右辺 $= (A+C)(\overline{A}+B)$ となる．

$$\therefore \quad AB + \overline{A}C = (A+C)(\overline{A}+B)$$

この式に $B \leftrightarrow C$ 変換すると，元の等式 (ii) が得られる．このように，双対定理を適用して元の等式になることを**自己双対** (self dual) という．

3.2 標準展開

3.2.1 標準展開式

論理関数 $F(A, B, C, \cdots)$ は，変数 A，B，C，$\cdots$ とこれらの否定 (反変数とよぶ)$\overline{A}$，$\overline{B}$，$\overline{C}$，$\cdots$ を含む項の和，または，積の形式に展開できる．

変数と反変数を一種類の変数とみなし，論理式が項の"和形式"に表され，各項がすべての変数の"積"で表された式を**主加法標準展開式** (principal disjunctive canonical expansion) という．つぎの 3 変数 A，B，C の論理式

$$F_1 = A \cdot B \cdot C + \overline{A} \cdot B \cdot C + A \cdot \overline{B} \cdot \overline{C} + A \cdot B \cdot \overline{C}$$
$$F_2 = A \cdot B \cdot C + \overline{A} \cdot B \cdot C + A \cdot \overline{C}$$

では，F_1 は，各項に A，B，C の 3 変数 (反変数も含め) すべてが含まれているので，主加法標準展開式である．すべての変数を含む積の項を**最小項**という．一方，F_2 は，第 1, 2 項には 3 変数すべてを含んでいるが，第 3 項には変数 A，C のみで変数 B を含まないので主加法標準展開式ではない．

また，論理式が項の"積形式"に表され，各項がすべての変数の"和"で表された式を**主乗法標準展開式** (principal conjunctive canonical expansion) という．つぎの 3 変数 A，B，C の論理式

$$F_3 = (A + B + C) \cdot (A + B + \overline{C}) \cdot (A + \overline{B} + C) \cdot (\overline{A} + B + \overline{C})$$
$$F_4 = (A + B + C) \cdot (\overline{A} + B + C) \cdot (A + \overline{C})$$

では，F_3 は，各項に 3 変数がすべて含まれているので，主乗法標準展開式である．すべての変数を含む和の項を**最大項**という．F_4 は，第 3 項に B を含まないので主乗法標準展開式ではない．標準展開式は，真理値表や後で述べるカルノー図に 1 対 1 に対応している．

一つの変数 A には A (変数) と $\overline{A}$ (反変数) の二つの状態があるので，N 変数では 2^N 個の最小項と最大項があり，主加法標準展開式は最小項の和，主乗法標準展開式は最大項の積として展開することができる．これらの一般式を与える定理を**標準展開定理**，または**シャノンの展開式** (Shannon expansion formula) という．証明は省略し，その展開式と使用法について解説する．

(1) 主加法標準展開の定理

N 変数 A, B, $\cdots$, N の論理関数を $F(A,B,\cdots,N)$ とすると，2^N 個の最小項の和としてつぎの主加法標準形に展開できる．

$$\begin{aligned}
F(A,B,\cdots,N) = &\ \overline{A} \cdot \overline{B} \cdot \cdots \cdot \overline{N} \cdot F(0,0,\cdots,0) \\
&+ A \cdot \overline{B} \cdot \cdots \cdot \overline{N} \cdot F(1,0,\cdots,0) \\
&+ \overline{A} \cdot B \cdot \cdots \cdot \overline{N} \cdot F(0,1,\cdots,0) \\
&\quad \vdots \\
&+ A \cdot B \cdot \cdots \cdot N \cdot F(1,1,\cdots,1) \qquad (3.17)
\end{aligned}$$

この 2^N 個の係数 $F(0,0,\cdots,0)$, $\cdots$, $F(1,1,\cdots,1)$ は "0" または "1" なので，式 (3.17) は標準形の展開式になっている．

(2) 主乗法標準展開の定理

同様に，$F(A,B,\cdots,N)$ の主乗法標準展開式は，2^N 個の最大項の積としてつぎの式 (3.18) に展開できる．また，式 (3.18) は式 (3.17) にド・モルガンの定理を適用して導くこともできる．

$$\begin{aligned}
F(A,B,\cdots,N) = &\ (\overline{A} + \overline{B} + \cdots + \overline{N} + F(1,1,\cdots,1)) \\
&\cdot (A + \overline{B} + \cdots + \overline{N} + F(0,1,\cdots,1)) \\
&\cdot (\overline{A} + B + \cdots + \overline{N} + F(1,0,\cdots,1)) \\
&\quad \vdots \\
&\cdot (A + B + \cdots + N + F(0,0,\cdots,0)) \qquad (3.18)
\end{aligned}$$

この定理を適用して標準展開式を求める例をつぎに示す．

例題 3.5 論理関数 $F(A,B,C) = A + B + \overline{B} \cdot C$ を (1) 主加法標準展開式, (2) 主乗法標準展開式に展開しなさい.

解答 3変数の組み合わせ数は $2^3 = 8$ で, 展開式の 8 個の係数 $F(A,B,C)$ はつぎのように与えられる.

$$F(0,0,0) = 0, \quad F(0,0,1) = 1, \quad F(0,1,0) = 1, \quad F(0,1,1) = 1$$
$$F(1,0,0) = 1, \quad F(1,0,1) = 1, \quad F(1,1,0) = 1, \quad F(1,1,1) = 1$$

(1) 主加法標準展開式 (3.17) では, $F(A,B,C) = 1$ の項のみ残り, $F(A,B,C) = 0$ の項は消える.

$$\therefore F(A,B,C) = \overline{A} \cdot \overline{B} \cdot C + \overline{A} \cdot B \cdot \overline{C} + \overline{A} \cdot B \cdot C$$
$$+ A \cdot \overline{B} \cdot \overline{C} + A \cdot \overline{B} \cdot C + A \cdot B \cdot \overline{C} + A \cdot B \cdot C$$

(2) 主乗法標準展開式 (3.18) では, $F(A,B,C) = 1$ の項はすべて 1 になり, $F(A,B,C) = 0$ のみ最大項が残る.

$$\therefore F(A,B,C) = 1 \cdot 1 \cdot 1 \cdot 1 \cdot 1 \cdot 1 \cdot 1 \cdot (A + B + C) = A + B + C$$

シャノンの展開式以外に**論理式の標準展開式**を導く方法として, **足りない変数を追加する方法**がある. 主加法標準展開式では足りない変数 X のある項に $X + \overline{X} = 1$ を乗じ, 主乗法標準展開式では, 足りない変数 X のある項に $X \cdot \overline{X} = 0$ を加算して導くことができる.

例題 3.6 (1) は式を主加法標準展開式に, (2) は式を主乗法標準展開式にそれぞれ展開しなさい.
(1) $F = A \cdot B \cdot C + \overline{A} \cdot B \cdot C + A \cdot \overline{C}$
(2) $F = (A + B + C) \cdot (\overline{A} + B + C) \cdot (A + \overline{C})$

解答 (1) 第 3 項に変数 B が不足しているので, $B + \overline{B} = 1$ を乗じて主加法標準展開式を導く.

$$F = A \cdot B \cdot C + \overline{A} \cdot B \cdot C + A \cdot \overline{C}$$
$$= A \cdot B \cdot C + \overline{A} \cdot B \cdot C + A \cdot \overline{C} \cdot (B + \overline{B})$$
$$= A \cdot B \cdot C + \overline{A} \cdot B \cdot C + A \cdot B \cdot \overline{C} + A \cdot \overline{B} \cdot \overline{C}$$

(2) 第 3 項に変数 B が不足しているので, $B \cdot \overline{B} = 0$ を加え, 定理 9–(2) $A + B \cdot C =$

$(A+B)\cdot(A+C)$ を用いて主乗法標準展開式を導く.

$$F = (A+B+C)\cdot(\overline{A}+B+C)\cdot(A+\overline{C})$$
$$= (A+B+C)\cdot(\overline{A}+B+C)\cdot((A+\overline{C})+B\cdot\overline{B})$$
$$= (A+B+C)\cdot(\overline{A}+B+C)\cdot(A+\overline{C}+B)\cdot(A+\overline{C}+\overline{B})$$

3.2.2 標準展開式と真理値表

標準展開式を用いると比較的簡単に真理値表を求めることができる.その例をつぎに示す.

(1) 主加法標準展開式

$$F = \overline{A}\,\overline{B}C + \overline{A}B\overline{C} + \overline{A}BC + A\overline{B}\,\overline{C} + A\overline{B}C + AB\overline{C} \tag{3.19}$$

において,変数 (A,B,C) をつぎの論理値に対応させると,

$$変数 \rightarrow 1, \quad 反変数 \rightarrow 0$$

となる.第1最小項の変数は $(A,B,C)=(0,0,1)$ で,$\overline{A}\,\overline{B}C = \overline{0}\cdot\overline{0}\cdot 1 = 1$ になり,$F = 1 + 他の最小項 = 1$ となる.第2最小項も変数 $(A,B,C)=(0,1,0)$ で $\overline{A}B\overline{C} = 1$ になり,$F = 1$ となる.同様に,他の最小項も対応する変数で $F = 1$ になる.したがって,真理値表には簡単に最小項の対応する行に "1",他を "0" と記入するだけでよい.真理値表を表3.6に示す.最小項は網掛けになっている.

表 3.6 真理値表と標準展開式

A	B	C	F	最小項	最大項
0	0	0	0	$\overline{A}\,\overline{B}\,\overline{C}$	$A+B+C$
0	0	1	1	$\overline{A}\,\overline{B}C$	$A+B+\overline{C}$
0	1	0	1	$\overline{A}B\overline{C}$	$A+\overline{B}+C$
0	1	1	1	$\overline{A}BC$	$A+\overline{B}+\overline{C}$
1	0	0	1	$A\overline{B}\,\overline{C}$	$\overline{A}+B+C$
1	0	1	1	$A\overline{B}C$	$\overline{A}+B+\overline{C}$
1	1	0	1	$AB\overline{C}$	$\overline{A}+\overline{B}+C$
1	1	1	0	ABC	$\overline{A}+\overline{B}+\overline{C}$

逆に,真理値表より主加法標準式(3.19)を導くには,

$$1 \rightarrow 変数, \quad 0 \rightarrow 反変数$$

として $F = 1$ の行の最小項(網掛け)を求め,その和をとればよい.

(2) 主乗法標準展開式

$$F = (A+B+C)(\overline{A}+\overline{B}+\overline{C}) \tag{3.20}$$

とすると，(1) の主加法標準展開式の場合とは逆に

変数 → 0, 反変数 → 1

に対応させる．式 (3.20) の変数 $(A, B, C) = (0, 0, 0), (1, 1, 1)$ のときのみ $F = 0$ となり，他は $F = 1$ となるので，(1) と同一の表 3.6 の真理値表が得られる．逆に，主乗法標準展開式は，真理値表の "$F = 0$" の行の最大項 (網掛け) の積をとるだけで求めることができる．

また，式 (3.20) を主加法標準形に展開すると，

$$\begin{aligned}
F &= (A+B+C)(\overline{A}+\overline{B}+\overline{C}) \\
&= A\overline{B} + A\overline{C} + B\overline{A} + B\overline{C} + C\overline{A} + C\overline{B} \\
&= (A\overline{B} + B\overline{A})(C+\overline{C}) + (B\overline{C} + C\overline{B})(A+\overline{A}) + (A\overline{C} + C\overline{A})(B+\overline{B}) \\
&= \overline{A}BC + AB\overline{C} + \overline{A}BC + A\overline{B}\,\overline{C} + A\overline{B}C + AB\overline{C}
\end{aligned}$$

となり，式 (3.19) は式 (3.20) に等しい．このことから，**同一の真理値表から導いた主加法標準展開式と主乗法標準展開式は互いに等しい**ことがわかる．

3.3 論理式の簡単化

ディジタル回路は，必要とする回路の機能を表す論理式を求めて設計するのが一般的である．このとき，回路機能を表す論理式が複雑であると組み立てられる回路も複雑になるが，論理式を簡単化すると回路も簡単になり不要な部品を省くことができる．そのため，論理式の簡単化はディジタル回路の製作にはきわめて有用な手法である．

論理式の簡単化には，ブール代数の定理を用いる方法，カルノー (Karnaugh) の図表示による方法，クワイン・マクラスキー (Quine McCluskey) の方法などがある．ここでは，定理を用いる方法とカルノーの図表示による方法を解説する．クワイン・マクラスキー法は多変数論理式の簡単化に適しているが，カルノーの図表示による方法でも多変数論理式の簡単化が可能なので，ここではクワイン・マクラスキー法の解説は省略する．

3.3.1 定理による簡単化

ブール代数の定理を用いて論理式を簡単化する方法は，一般的に比較的簡単な式の場合に適用される．つぎの例題で定理による簡単化を示す．

例題 3.7 つぎの論理式を簡単化しなさい．
(1) $F = AB + A\overline{B} + A\overline{C}$
(2) $F = ABC + AB\overline{C} + \overline{A}BC + A\overline{B}C$

解答 (1) 定理 1-(2) ($A + 1 = 1$)，定理 5-(1) ($A + \overline{A} = 1$) を用いると

$$F = AB + A\overline{B} + A\overline{C}$$
$$= A(B + \overline{B}) + A\overline{C} = A \cdot 1 + A\overline{C}$$
$$= A \cdot (1 + \overline{C}) = A$$
$$\therefore \quad AB + A\overline{B} + A\overline{C} = A$$

(2) 定理 4-(1) $A + A = A$ を用いて，$ABC = ABC + ABC + ABC$ とすると，

$$F = ABC + AB\overline{C} + \overline{A}BC + A\overline{B}C$$
$$= ABC + AB\overline{C} + \overline{A}BC + ABC + A\overline{B}C + ABC$$
$$= AB(C + \overline{C}) + BC(\overline{A} + A) + AC(\overline{B} + B)$$
$$= AB + BC + AC$$
$$\therefore \quad ABC + AB\overline{C} + \overline{A}BC + A\overline{B}C = AB + BC + AC$$

例題 3.8 つぎの論理式をド・モルガンの定理を用いて簡単化しなさい．
(1) $F = \overline{((A + B) + (A \cdot B))}$
(2) $F = \overline{(A + B) \cdot (A \cdot B)}$
(3) $F = \overline{\overline{(A + B)} + \overline{(A \cdot B)}}$
(4) $F = \overline{\overline{(A + B)} + \overline{(A \cdot B)} + \overline{((A \cdot B) + (A \cdot B))}}$

解答 ド・モルガンの定理を用いて展開すると，つぎのように簡単化される．

(1) $F = \overline{((A + B) + (A \cdot B))}$

$$= \overline{(A+B)} \cdot \overline{(A \cdot B)} = \overline{A} \cdot \overline{B} \cdot (\overline{A} + \overline{B})$$
$$= \overline{A} \cdot \overline{B} \cdot \overline{A} + \overline{A} \cdot \overline{B} \cdot \overline{B} = \overline{A} \cdot \overline{B} + \overline{A} \cdot \overline{B} = \overline{A} \cdot \overline{B}$$

(2) $F = \overline{\overline{(A+B)} \cdot \overline{(A \cdot B)}}$
$$= \overline{\overline{(A+B)}} + \overline{\overline{(A \cdot B)}} = \overline{A} \cdot \overline{B} + \overline{A} + \overline{B} = \overline{A} \cdot (\overline{B}+1) + \overline{B}$$
$$= \overline{A} + \overline{B}$$

(3) $F = \overline{\overline{(A+B)} + \overline{(A \cdot B)}}$
$$= \overline{\overline{(A+B)}} \cdot \overline{\overline{(A \cdot B)}} = (A+B) \cdot (A \cdot B) = A \cdot B \cdot A + A \cdot B \cdot B$$
$$= A \cdot B + A \cdot B = A \cdot B$$

(4) $F = \overline{\overline{(A+B)} + \overline{(A \cdot B)} + \overline{((A \cdot B) + (A \cdot B))}}$

において, $\overline{(A \cdot B)} + (A \cdot B) = 1$ なので,
$$F = \overline{\overline{(A+B)} + \overline{(A \cdot B)} + \overline{1}} = \overline{\overline{(A+B)} + \overline{(A \cdot B)} + 0}$$
$$= \overline{\overline{(A+B)}} \cdot \overline{\overline{(A \cdot B)}} = (A+B) \cdot (A \cdot B) = A \cdot B$$

3.3.2 カルノー図

カルノー図 (Karnaugh map) は，真理値表の図形表示の方法である．前述のように，真理値表と論理式は 1 対 1 に対応しているので，カルノー図も論理式と 1 対 1 に対応する．真理値表との相違点は，カルノー図では図式的に論理式を簡単化できるように組み立てられていることである．

図 3.1 (a) は，2 変数 A, B の論理式 F (主加法標準形)

$$F = \overline{A} \cdot B + A \cdot \overline{B} \tag{3.21}$$

の真理値表で，$F = 1$ の行は網目で示した．(b) は，桝目を 2×2 に並べ，縦軸 A，横軸 B をそれぞれ 0, 1 の論理値で表示し，

$$1 \rightarrow \text{変数} (A, B), \qquad 0 \rightarrow \text{反変数} (\overline{A}, \overline{B}) \tag{3.22}$$

に対応させた．桝目には，真理値表の $F = 1$ に対応する箇所に "1"，$F = 0$ に対応する箇所に "0" を記入して，式 (3.21) を表した．この図形表示を**カルノー図**，桝目を**セル** (cell) という．

42 第 3 章 論理代数

(a) 真理値表

A	B	F
0	0	0
0	1	1
1	0	1
1	1	0

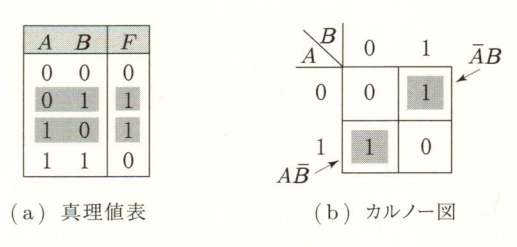

(b) カルノー図

図 3.1 真理値表とカルノー図

カルノー図は真理値表と 1 対 1 に対応しているので，1 を含むセル (網目) は最小項 ($\overline{A}\,B$), ($A\,\overline{B}$) に対応し，カルノー図より主加法標準形の論理式 (3.21) を導くことができる．また，$F = 0$ のセルは最大項 $(A + B)$, $(\overline{A} + \overline{B})$ に対応するので，カルノー図より主乗法標準形の論理式

$$F = (A+B) \cdot (\overline{A}+\overline{B}) \tag{3.23}$$

を導くことができる．

図 3.2(a)，(b)，(c) は，3，4，5 変数のカルノー図の例を示す．それぞれ，4×2，4×4，8×4 のセルで構成される．セル配列の軸目盛は，2.5.2 項で述べたグレイコードを用いる．AB 軸には 2 桁，ABC 軸には 3 桁のグレイコードを対応させてつぎのように配列する．

A, B 目盛　　: 00, 01, 11, 10

A, B, C 目盛 : 000, 001, 011, 010, 110, 111, 101, 100

(a) 3 変数

$AB \backslash C$	0	1
00	1	0
01	1	0
11	1	0
10	1	0

(b) 4 変数

$AB \backslash CD$	00	01	11	10
00	0	0	0	1
01	1	1	0	0
11	1	1	0	0
10	0	0	0	0

(c) 5 変数

$ABC \backslash DE$	00	01	11	10
000	0	0	0	0
001	1	1	0	0
011	1	1	0	0
010	0	0	0	0
110	0	0	0	0
111	1	1	0	0
101	0	0	0	0
100	0	0	0	0

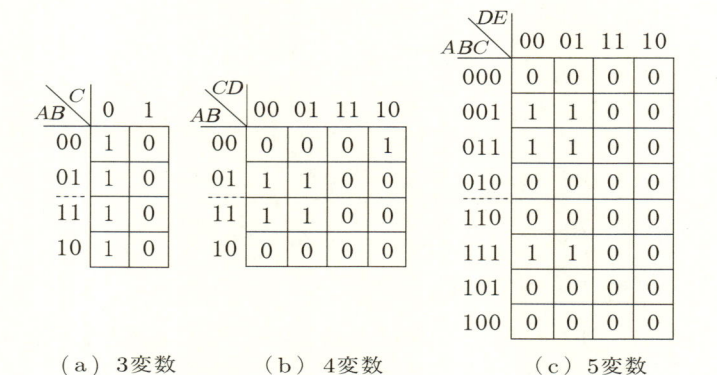

図 3.2 3, 4, 5 変数のカルノー図

これらのカルノー図から，主加法標準形の論理式は，2変数の場合と同様に，1を含むセルの最小項の和としてつぎのように導かれる．

図 (a)：$F = \overline{A}\,\overline{B}\,\overline{C} + \overline{A}B\overline{C} + AB\overline{C} + A\overline{B}\,\overline{C}$ (3.24)

図 (b)：$F = \overline{A}\,\overline{B}CD + \overline{A}B\overline{C}\,\overline{D} + \overline{A}B\overline{C}D + AB\overline{C}\,\overline{D} + AB\overline{C}D$ (3.25)

図 (c)：$F = \overline{A}\,\overline{B}CD\,\overline{E} + \overline{A}\,\overline{B}CDE + \overline{A}BCD\,\overline{E} + \overline{A}BCDE + ABCD\,\overline{E}$
$\qquad + ABC\overline{D}E$ (3.26)

3.3.3 カルノー図による簡単化

カルノー図の軸目盛には，ハミング距離1のグレイコードを用いるので隣接する数配列は1ビットのみが "$0 \to 1$, $1 \to 0$" に変化する．これを式 (3.22) に対応させると，隣接セルの最小項の和には常に "変数＋反変数＝1" になる変数が含まれ，その変数は消去できる．この特性を用い，カルノー図による論理式の簡単化を行う．つぎに，論理式の簡単化の手順を示す．

(ⅰ) 論理式を主加法標準形に展開し，前節で述べた方法でその展開式をカルノー図で表す．

(ⅱ) 1を含むセルの内，上下左右に隣接する 2, 4, 8, 16, ⋯ 個のセルをグループ化する．一つのセル囲いは1個の項に対応するので，セルのグループ化はできるだけ大きく選ぶようにする．ここで，一つのセルを何度でも使ってよい．

(ⅲ) 簡単化論理式＝セル囲い内で変化しない共通変数のみの積の項の和として与えられる．

図3.3は，カルノー図のセルのグループ化の例を示す．(a) は $2 \times 2 = 4$，(b) は $1 \times 4 = 4$，(c) は $4 \times 2 = 8$ のセルを点線で囲いグループ化した．簡単

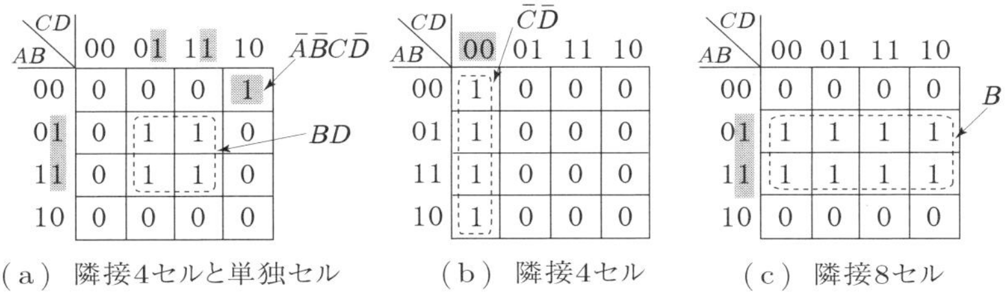

図 3.3 カルノー図のグループ化

(a) 隣接4セルと単独セル　(b) 隣接4セル　(c) 隣接8セル

化論理式は，セル囲い内で変化しない共通変数のみの積の項の和で与えられる．共通変数は AB, CD 軸の数値に網目で示した．簡単化論理式は，(a) では $F = BD + \overline{A}\,\overline{B}C\overline{D}$ になる．ここで，網目のセルは単独でグループ化されないので，そのまま $\overline{A}\,\overline{B}C\overline{D}$ の項として F に加算する．(b)，(c) では，それぞれ，$F = \overline{C}\,\overline{D}$, $F = B$ となる．

図 3.4 (a) には，セルを 2 度用いて論理式を簡単化した例を示す．このカルノー図の式 F は

$$F = \overline{A}\,\overline{B} + \overline{A}B + A\overline{B} = \overline{A}\,\overline{B} + \overline{A}B + A\overline{B} + \boxed{\overline{A}\,\overline{B}}$$
$$= \overline{A}(\overline{B} + B) + (A + \overline{A})\overline{B} = \overline{A} + \overline{B}$$

で表され，網目の項は二重使用項に対応している．同じセルを何度も用いることは定理 4–(1) に対応している．(b) は，全セルが 1 のカルノー図の場合で $F = 1$ となる．

グレイコードは，最初と最後の数配列もハミング距離が 1 になるので，カルノー図の上下端，左右端セルも隣接セルになる．図 3.5 は，上下端セル，四隅セルのグループ化の例を示す．(a) より $F = \overline{B}$, (b) より $F = \overline{B}\,\overline{D}$ と簡単化される．

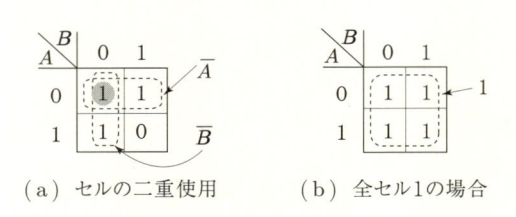

(a) セルの二重使用　　(b) 全セル1の場合

図 3.4 2 変数のカルノー図の簡単化

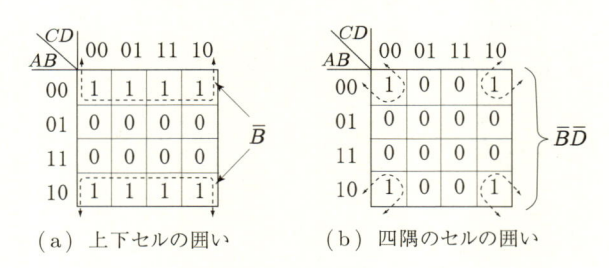

(a) 上下セルの囲い　　(b) 四隅のセルの囲い

図 3.5 上下，左右端セルのグループ化

例題 3.9
図 3.6 (a), (b) のカルノー図をグループ化し，論理式を簡単化しなさい．

CD AB	00	01	11	10
00	0	1	0	0
01	1	1	0	0
11	1	1	0	0
10	0	1	0	0

$B\overline{C}$ ← ↑ $\overline{C}D$
(a)

CD AB	00	01	11	10
00	0	0	0	0
01	0	1	1	0
11	0	1	1	0
10	0	0	0	0

$B\overline{C}D$ BC
(b)

CD AB	00	01	11	10
00	0	0	0	0
01	0	1	1	1
11	0	1	1	1
10	0	0	0	0

BD $BC\overline{D}$
(c)

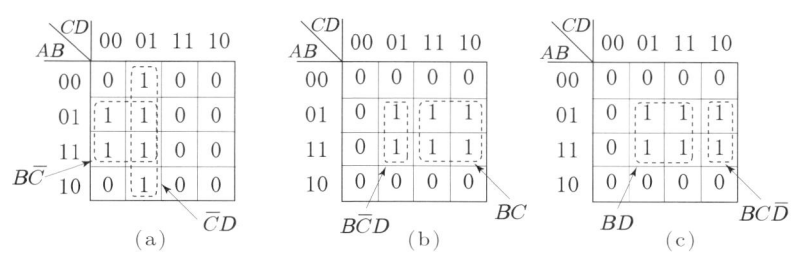

図 3.6 4 変数カルノー図

解答 図 3.6 (a) では，点線で示すセル囲いのように 1×4 と 2×2 セルが最大のグループ化になる．$(A, B, C, D) = (0, 1, 0, 1), (1, 1, 0, 1)$ のセルは重複して用いた．簡単化された論理式 F はつぎのように与えられる．

$$F = B\overline{C} + \overline{C}D$$

(b) では，(b) と (c) に示す二つのセルのグループ化が可能である．この二つのグループ化から得られる論理式は，つぎの式で与えられ，形式は異なるが互いに相等しい．

$$\begin{aligned}F &= B\overline{C}D + BC \quad &((\text{b}) \text{ のグループ化}) \\ &= B\overline{C}D + BC(D + \overline{D}) \\ &= BD + BC\overline{D} \quad &((\text{c}) \text{ のグループ化})\end{aligned}$$

5 変数論理式の簡単化の例を図 3.7 に示す．右下の点線のセル囲いでは，縦軸で $A, \overline{B}$，横軸で D が共通変数なので，$A\overline{B}D$ の項が得られる．縦軸 ABC は 3 桁のグレイコードで，点線を中心に上下対称な位置にある数配列もハミング距離が 1 である．そのため，図に示す点線を中心に上下対称な二つの網掛けのセルは，結合して 4 個の隣接セルとしてグループ化でき，共通変数として BCD が得られる．簡単化論理式は $F = A\overline{B}D + BCD$ となる．このように，軸の数配列が 3 桁以上になると，ハミング距離 1 の対称な位置にあるセルも対象にしてグループ化する必要がある．

ABC \ DE	00	01	11	10
000	0	0	0	0
001	0	0	0	0
011	0	0	1	1
010	0	0	0	0
110	0	0	0	0
111	0	0	1	1
101	0	0	1	1
100	0	0	1	1

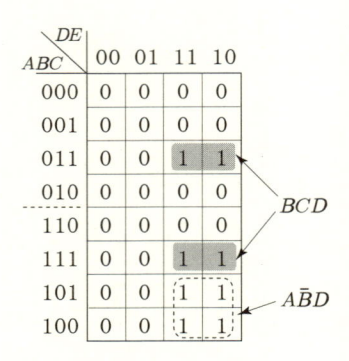

右側:BCD, $A\bar{B}D$

図 3.7 5 変数カルノー図のグループ化

3.3.4 冗長項を含むカルノー図

論理式を扱う場合,使用しない入力変数の符号組み合わせが生じることがある.そのため,カルノー図のセルが "0" でも "1" でもどちらでもよい場合がある.このような項を**冗長項** (don't care term) といい,"−" の記号で示す.

BCD コードは 4 桁の 2 進数なので,4×4 セルのカルノー図で表すことができる.図 3.8 (a) に BCD コード $(0111)_{BCD} = (7)_{10}$ をカルノー図で表した例を示す.0〜9 の数値を 2 進数 $(0000)_2$〜$(1001)_2$ で表す.ここでは,$(7)_{10}$ は $(ABCD) = (0111)_2$ のセルに "1" を,他のセルには "0" を記入して示す.残りの $(1010)_2$〜$(1111)_2$ は,使用しないのでセル内の数値が "0" でも "1" でもよく冗長項となるので,"−" の記号で示す.

図 3.8 (b) は,冗長項を含むカルノー図の簡単化の例を示す.セルのグループ化には,図の点線で示すセル囲い内の冗長項を "1" とする.また,必ず "1" を含むセル 1 個以上を含め,論理式を簡単化する.網目の囲いのように,1 を含むセルを 1 個も含まないグループ化は不要である.もし,これを含めると,逆に論理式が複雑になる.

AB \ CD	00	01	11	10
00	0	0	0	0
01	0	0	1	0
11	−	−	−	−
10	0	0	−	−

(冗長項)

(a) $(7)_{10}$ の BCD コード表示

AB \ CD	00	01	11	10
00	0	0	0	0
01	0	0	1	1
11	0	0	−	−
10	−	−	−	−

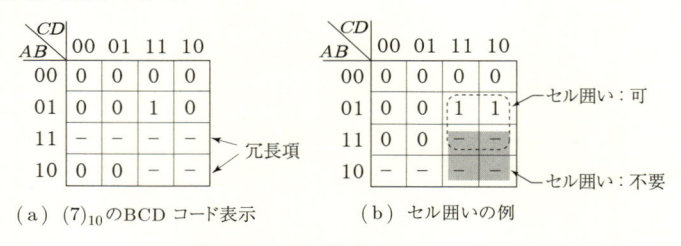

セル囲い:可 / セル囲い:不要

(b) セル囲いの例

図 3.8 冗長項を含むカルノー図

演習問題

3.1 つぎの式をブール代数の定理を用いて簡単化しなさい．
(1) $F = A + AA + AB + AC$
(2) $F = AB + BC + CA + \overline{C} + C$
(3) $F = (A+B)(\overline{A+B})$
(4) $F = (A+B)(A+\overline{B})$

3.2 つぎの論理式をド・モルガンの定理を用いて簡単化しなさい．
(1) $F = \overline{(A+B)} + \overline{(A \cdot B)}$
(2) $F = \overline{(A+B)} + (A \cdot B)$
(3) $F = \overline{(A+B)} \cdot \overline{(A \cdot B)}$
(4) $F = \overline{(A+B)} \cdot (A \cdot B)$

3.3 つぎの論理式をド・モルガンの定理を用いて簡単化しなさい．
(1) $F = \overline{(\overline{A}+\overline{B})}$
(2) $F = \overline{(\overline{A}\,\overline{B})}$
(3) $F = \overline{(\overline{A}+\overline{B})} + \overline{(\overline{A}\,\overline{B})}$
(4) $F = \overline{(\overline{A}+\overline{B})(\overline{A}\,\overline{B})}$
(5) $F = \overline{\overline{(\overline{A}+\overline{B})} + \overline{(\overline{A}\,\overline{B})}}$
(6) $F = \overline{\overline{(\overline{A}+\overline{B})(\overline{A}\,\overline{B})}}$

3.4 つぎの等式が成り立つことをブール代数の定理を用いて示しなさい．
(1) $AB + \overline{B} = A + \overline{B}$
(2) $(A+B)(A+\overline{B}) = A$
(3) $A\overline{B} + \overline{A}B = (A+B)(\overline{A}+\overline{B})$
(4) $(A+B)(\overline{A}+C) = AC + \overline{A}B$
(5) $A\overline{B} + B\overline{C} + C\overline{A} = \overline{A}B + \overline{B}C + \overline{C}A$

3.5 (1) は主加法標準展開式に，(2) は主乗法標準展開式に導き，またそれぞれ真理値表を作成しなさい．
(1) $F = A\overline{B} + B\overline{C} + C\overline{A}$
(2) $F = (A+B+C)(A+\overline{C})$

3.6 つぎの論理式をシャノンの展開式を用いて，(a) 主加法標準展開式，(b) 主乗法標準展開式を導きなさい．
(1) $F(A,B,C) = A + B + C$
(2) $F(A,B,C) = AB + BC + CA$

3.7 表 3.7 の真理値表より，主加法標準形と主乗法標準形の論理式を導き両式が等しいことを示しなさい．また，カルノー図を作成して論理式を簡単化しなさい．

表 3.7

A	B	C	F
0	0	0	0
0	0	1	1
0	1	0	0
0	1	1	1
1	0	0	1
1	0	1	1
1	1	0	1
1	1	1	1

3.8 図 3.9 のカルノー図 (a)，(b) について，それぞれつぎの問いに答えなさい．

CD \ AB	00	01	11	10
00	0	0	1	1
01	0	0	0	0
11	1	1	1	1
10	0	0	1	1

(a) 4変数

CDE \ AB	000	001	011	010	110	111	101	100
00	0	1	0	0	0	1	0	0
01	1	1	0	1	1	0	1	1
11	1	1	0	1	1	0	1	1
10	0	1	0	0	0	1	0	0

(b) 5変数

図 3.9 カルノー図

(1) 真理値表を作成しなさい．
(2) 主加法形標準式を導きなさい．
(3) カルノー図より簡単化された論理式を求めなさい．

第4章

ゲート回路

ディジタル回路でもっとも基本的な回路は，**AND**, **OR**, **NOT** や **NAND**, **NOR**, **ExOR** とよばれるゲート回路である．これらのゲート回路の組み合わせにより多種多様な機能をもつ回路を構成することができる．本章では，これらのゲート回路の機能と論理式，真理値表との関係を述べ，さらにこれらのゲート回路を組み合わせて構成される種々のゲート回路とその動作について解説する．ゲート回路の実物は，トランジスタやダイオードなどの半導体素子で構成され，その構成，動作については第10章で解説する．

4.1 AND, OR, NOT ゲート

AND, **OR**, **NOT** ゲートは，論理代数の論理積，論理和，否定の演算に対応する基本ゲート回路である．これらのゲート回路を表示する論理記号には，**MIL**(military standard) や **JIS**(Japanese Industrial Standard) 記号などがあるが，本書では広く使われている MIL 記号を用いることにする．MIL 記号の表示法とサイズは規定されているが，ここでは，規定サイズの表示は省略する．

4.1.1 AND ゲート

AND ゲートは第3章で述べた**論理積**の機能をもち，すべての入力が "1" のとき出力が "1" になるゲート回路である．図 4.1 に 2 入力 AND ゲートの (a) 論理式，(b) 論理記号，および (c) 真理値表を示す．

(b) は **MIL 記号**による AND ゲートの論理記号を示した．一般に，ゲート回路の入出力端子 A, B, F の電圧は 0 [V] か 5 [V] である．真理値表では，入出力端子 A, B, F の電圧値は真理値 "0", "1" に対応させている．

第4章 ゲート回路

$F = A \cdot B$

(a) 論理式　　(b) 論理記号　　(c) 真理値表

A	B	F
0	0	0
0	1	0
1	0	0
1	1	1

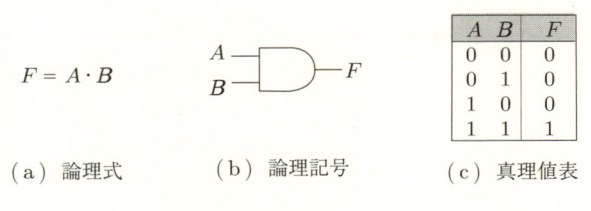

図 4.1 AND ゲート

多入力 AND ゲートは，複数個の 2 入力 AND ゲートを用いて構成することができる．図 4.2 (a) は 3 入力 AND で $F = ABC$ に対応し，(b) は $F = A \cdot (BC)$，(c) は $F = (AB) \cdot C$ の論理式に対応する回路を示す．3 入力以上の多入力 AND ゲートは，(d) の論理記号で示すこともできる．

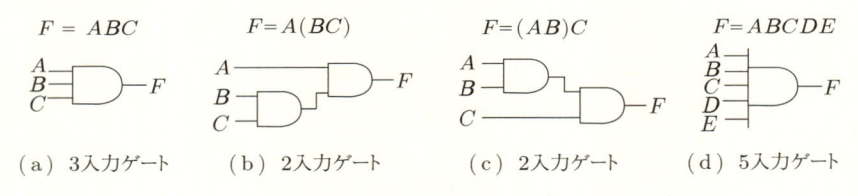

(a) 3入力ゲート　　(b) 2入力ゲート　　(c) 2入力ゲート　　(d) 5入力ゲート

図 4.2 多入力 AND ゲートの論理記号

ゲート回路に信号データを入力すると，そのゲート回路の機能に応じたデータが出力される．この入力と出力信号の時間的流れを示す図を**タイミングチャート** (timing chart) という．図 4.3 に AND ゲートのタイミングチャートの例を示す．

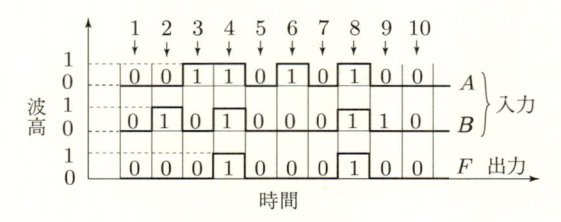

図 4.3 AND ゲートのタイミングチャート

縦軸は信号の波高で真理値 "0" と "1" で表し，横軸は時間を示す．信号データは横軸の矢印方向に進み，一番左側の信号 "1" が最初の信号で後続の信号ほど右側 (大きい番号) に移動していく．

入力 A, B に対する出力 F は，AND ゲートの真理値表 (図 4.1 (c)) を用いて求めることができる．図 4.3 の第 1 入力信号は $(A,B) = (0,0)$ で，真理値表より出力 $F = 0$ である．同様に，第 2, 3, 4 信号に対して出力 F はつぎのようになり，タイミングチャートは図 4.3 のように示される．

$$入力 (A,B) = (0,1), (1,0), (1,1), \cdots \Rightarrow 出力 F = 0, 0, 1, \cdots$$

4.1.2 OR ゲート

OR ゲートは論理和の機能をもつゲート回路で，入力のどれか一つが "1" であれば，出力は "1" になる．2 入力の OR ゲートの論理式，論理記号と真理値表を図 4.4 にまとめて示す．

$F = A + B$

(a) 論理式　　(b) 論理記号　　(c) 真理値表

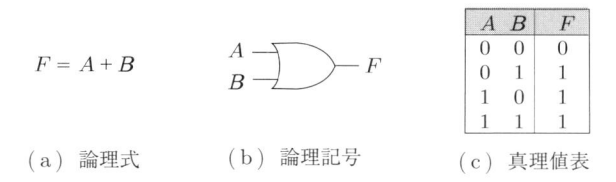

A	B	F
0	0	0
0	1	1
1	0	1
1	1	1

図 4.4 OR ゲートの論理記号

OR ゲートも，AND ゲートと同様に，2 入力 OR ゲートを用いて多入力 OR ゲートをつくることができる．3, 5 入力 OR ゲートの例を図 4.5 に示す．

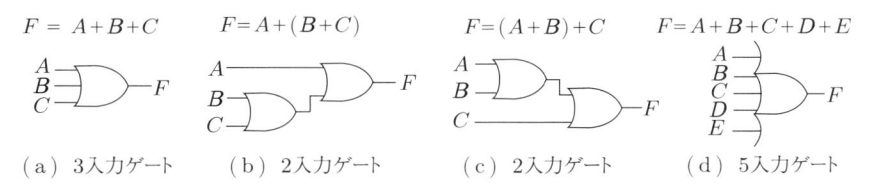

$F = A+B+C$　　$F = A+(B+C)$　　$F = (A+B)+C$　　$F = A+B+C+D+E$

(a) 3入力ゲート　　(b) 2入力ゲート　　(c) 2入力ゲート　　(d) 5入力ゲート

図 4.5 多入力 OR ゲートの論理記号

図 4.6 に OR ゲート回路のタイミングチャートの例を示す．以後，タイミングチャートの縦軸 (波高)，横軸 (時間) は省略して表示する．

4.1.3 NOT ゲート

NOT ゲートは，論理否定の機能をもつゲート回路で，**インバータ** (inverter) ともいう．図 4.7 に NOT ゲートを示す．

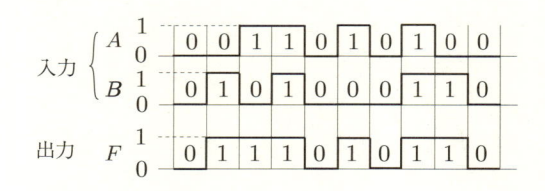

図 4.6　OR ゲートのタイミングチャート

$F = \overline{A}$

(a) 論理式　　(b) 論理記号　　(c) 真理値表

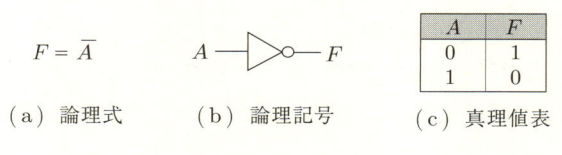

A	F
0	1
1	0

図 4.7　NOT ゲート

　論理否定は，"0"→"1"，"1"→"0" と信号を反転するので，NOT ゲート回路のタイミングチャートは，単に，入力信号の反転で表される．図 4.7 (b) の小丸印 (◦) 記号は否定 (反転) の意味に用いられる．ここでは，小丸印 (◦) 記号を**反転記号**とよぶことにする．

4.2　NAND, NOR, ExOR ゲート

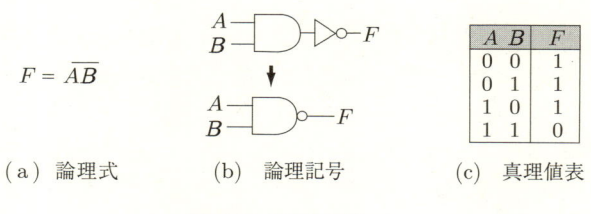

4.2.1　NAND ゲート

　NAND ゲートは，AND ゲートの出力に NOT ゲートを接続したもので，論理積の否定を意味する．図 4.8 (a) には 2 入力の NAND ゲートの論理式，(b) には論理記号，(c) には真理値表を示す．論理式は $F = \overline{AB}$ で，入力のどちらか一方か，または両方が "0" のとき，出力が "1" になり，両方の入力が "1" のとき，出力は "0" になる．(b) に示すように，論理記号は AND の出力に反転記号 (◦) をつけて表される．

$F = \overline{AB}$

(a) 論理式　　(b) 論理記号　　(c) 真理値表

A	B	F
0	0	1
0	1	1
1	0	1
1	1	0

図 4.8　NAND ゲート

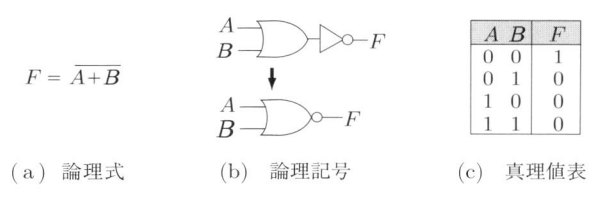

4.2.2 NOR ゲート

NOR ゲートは，OR ゲートの出力に NOT ゲートを接続したもので，論理和の否定の機能をもつ．図 4.9 には，(a) 2 入力の NOR ゲートの論理式，(b) 論理記号，(c) 真理値表を示した．論理式は $F = \overline{A+B}$ で，(b) に示すように，論理記号は OR の出力に反転記号 (○) をつけて表される．

NOR ゲートは，入力のどちらか一方か，または両方が "1" のとき，出力が "0" になり，両方の入力が "0" のとき，出力は "1" になる．

$$F = \overline{A+B}$$

A	B	F
0	0	1
0	1	0
1	0	0
1	1	0

(a) 論理式　　(b) 論理記号　　(c) 真理値表

図 4.9 NOR ゲート

4.2.3 ExOR ゲート

入力 A, B の比較を行い，出力 F が

$$A = B \rightarrow F = 0$$
$$A \neq B \rightarrow F = 1$$

となる機能をもつ回路を **排他的論理和** (exclusive OR：ExOR) という．このゲートは，2 入力が不一致なら "1"，一致なら "0" を出力する回路で，比較回路として広く使われている．この機能を真理値表に示すと，図 4.10 (a) のように与えられる．

この真理値表から論理式を導くと，

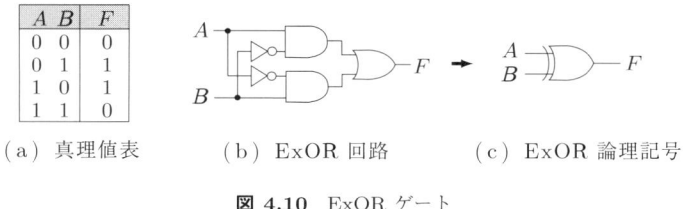

A	B	F
0	0	0
0	1	1
1	0	1
1	1	0

(a) 真理値表　　(b) ExOR 回路　　(c) ExOR 論理記号

図 4.10 ExOR ゲート

$$F = \overline{A} \cdot B + A \cdot \overline{B} \tag{4.1}$$

$$\equiv A \oplus B \tag{4.2}$$

論理式 (4.1) を回路化すると，(b) の回路になり，論理記号は (c) のように表される．論理式は **ExOR 記号** ($\oplus$) を用いて式 (4.2) のように表される．

例題 4.1 入力 A, B を比較し，出力 F が

$$A = B \quad \rightarrow \quad F = 1$$
$$A \neq B \quad \rightarrow \quad F = 0$$

のときの論理式を求め回路化しなさい．

解答 題意の条件は，図 4.11 (a) の真理値表で与えられる．この表より論理式 F は

$$F = \overline{A}\,\overline{B} + A\,B$$

で与えられ，その回路を (b) に示した．

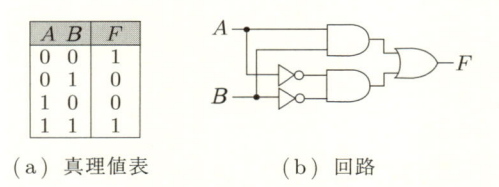

A	B	F
0	0	1
0	1	0
1	0	0
1	1	1

(a) 真理値表　　　(b) 回路

図 4.11 ExOR の否定回路

この論理式を否定すると

$$\overline{F} = \overline{\overline{A}\,\overline{B} + A\,B} = \overline{\overline{A}\,\overline{B}} \cdot \overline{A\,B}$$
$$= (\overline{A} + \overline{B})(A + B) = \overline{A}\,B + A\,\overline{B}$$

と与えられ，式 (4.1) の ExOR になる．

4.3 正論理と負論理

一般に，ゲート回路で用いられる電圧レベルは，0 [V] と 5 [V] である．電圧レベルの高い方を論理値 "1"，低い方を "0" とする論理を**正論理** (positive logic) という．逆に，電圧レベルの低い方を "1"，高い方を "0" とする論理を**負論理** (negative logic) という．図 4.12 にゲート入出力の正論理と負論理の例を示す．正論理の入力は，反転記号 (○) をつけずにそのまま入力されるが，負論理では反転記号をつけて入力される．

(a) 正論理　　　(b) 負論理

図 4.12 正論理と負論理

正論理入力のゲート回路は負論理表現に変換することができる．AND の論理式 $F = A \cdot B$ に，つぎのようにド・モルガンの定理を二回適用すると

$$F = \overline{\overline{F}} = \overline{\overline{A \cdot B}} = \overline{\overline{A} + \overline{B}} \tag{4.3}$$

となる．この論理式を回路化すると，図 4.13 が得られる．(a) は AND ゲートの正論理表現，(b) は入出力 $\overline{A}$, $\overline{B}$, $\overline{\overline{A}+\overline{B}}$ を NOT ゲートで示し，(c) は NOT ゲートを反転記号 (○) で示した負論理表現である．

式 (4.3) より，$\overline{F} = \overline{A} + \overline{B}$ であるので，正論理の AND は負論理の OR で表される．

NAND の論理式 $F = \overline{A \cdot B}$ は，ド・モルガンの定理を適用して

$$F = \overline{A \cdot B} = \overline{A} + \overline{B}$$

と表すことができ，NAND ゲートの負論理表現は反転入力の OR として与えら

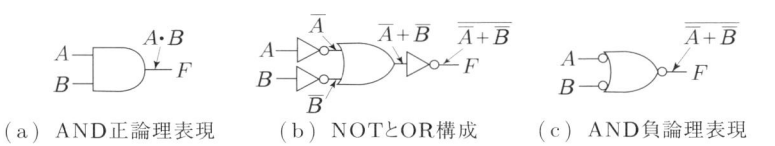

(a) AND正論理表現　　(b) NOTとOR構成　　(c) AND負論理表現

図 4.13 AND ゲートの正論理表現と負論理表現

れる．同様に，OR，NOR，NOTについても，その負論理表現を表すことができる．表4.1にこれらのゲート回路の正論理と負論理をまとめて示す．

表 4.1 ゲート回路の正論理と負論理表現

論理ゲート	正論理表現		負論理表現	
	関数	論理記号	関数	論理記号
AND	$F = A \cdot B$		$F = \overline{\overline{A} + \overline{B}}$	
OR	$F = A + B$		$F = \overline{\overline{A} \cdot \overline{B}}$	
NOT	$F = \overline{A}$		$F = \overline{A}$	
NAND	$F = \overline{A \cdot B}$		$F = \overline{A} + \overline{B}$	
NOR	$F = \overline{A + B}$		$F = \overline{A} \cdot \overline{B}$	

4.4 組み合わせ回路

基本ゲートを組み合わせると種々の機能をもつゲートを構成することができる．このような回路には，入力信号の時間順序に依存する回路と依存しない回路がある．時間順序に依存しない回路を単に**組み合わせ回路** (combinational logic circuit) という．比較回路，演算回路などは組み合わせ回路の例である．ここでは，1，2の組み合わせ回路について解説する．

4.4.1 論理式の回路化

論理式は種々の形に変形されるので，同じ機能をもっても異なった回路で表すことができる．つぎの加法形論理式 (4.4) の例で説明する．式 (4.4) を二重，四重否定するとつぎの論理式を導くことができる．

$$F = AB + BC + CD \tag{4.4}$$

$$= \overline{\overline{AB + BC + CD}} \tag{4.5}$$

$$= \overline{\overline{AB} \cdot \overline{BC} \cdot \overline{CD}} \tag{4.6}$$

$$= \overline{\overline{(AB)} + \overline{(BC)} + \overline{(CD)}} \tag{4.7}$$

$$= \overline{(\overline{A} + \overline{B}) \cdot (\overline{B} + \overline{C}) \cdot (\overline{C} + \overline{D})} \tag{4.8}$$

4.4 組み合わせ回路　57

$$= \overline{\overline{\overline{(\overline{A}+\overline{B})} \cdot \overline{(\overline{B}+\overline{C})} \cdot \overline{(\overline{C}+\overline{D})}}} \tag{4.9}$$

　式 (4.4) は，AB，BC，CD の三つの AND の OR 形式に表されている．式 (4.6) は，三つの NAND の NAND 形式，式 (4.7) は NAND の否定が 3 個入力する OR(NAND の負論理表現) 形式になっている．これらの論理式を回路化すると図 4.14 (a)，(b)，(c) で与えられる．論理式と回路の部分的対応を矢印で示した．

(a) AND–OR構成　　(b) NAND–NAND構成　　(c) NAND–負論理NAND構成

$F=(AB)+(BC)+(CD)$　　$F=\overline{(\overline{AB})(\overline{BC})(\overline{CD})}$　　$F=\overline{(\overline{AB})}+\overline{(\overline{BC})}+\overline{(\overline{CD})}$

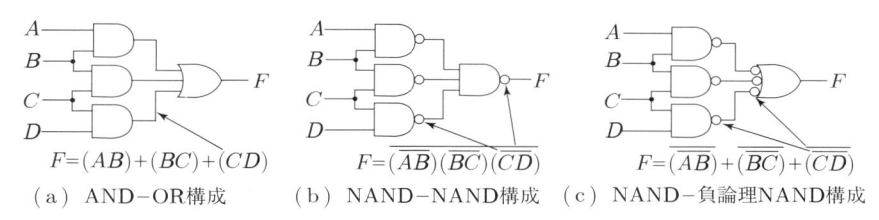

図 4.14　$F = AB + BC + CD$ の回路化 (1)

　(a) では，各段のゲートの入出力はすべて正論理，(c) では，初段ゲートの出力と次段ゲートの入力は負論理になっている．このように，ゲート間の入出力の論理を合わせている場合を**論理の一致**という．(b) では，初段入力は正論理，出力は負論理で次段ゲートには正論理で入力されている．このような場合を**論理の不一致**という．論理の一致は入出力のレベルを合わせる回路設計法で，複雑な回路の解析も容易になるので推奨できる設計方法である．

　図 4.15 (a) は，式 (4.8) の回路化で負論理 NAND–正論理 NAND 構成となり，素子間の入出力は論理の一致となる．式 (4.9) を回路化すると，(b) の回路が得られ，すべての入出力が負論理で論理を一致させることができる．

　乗法形論理式を回路化すると，OR–AND 構成の回路になる．つぎの乗法形

(a) 負論理NAND–NAND構成　　(b) 負論理AND–負論理OR構成

$F=\overline{(\overline{A}+\overline{B})(\overline{B}+\overline{C})(\overline{C}+\overline{D})}$　　$F=\overline{\overline{\overline{(\overline{A}+\overline{B})}\,\overline{(\overline{B}+\overline{C})}\,\overline{(\overline{C}+\overline{D})}}}$

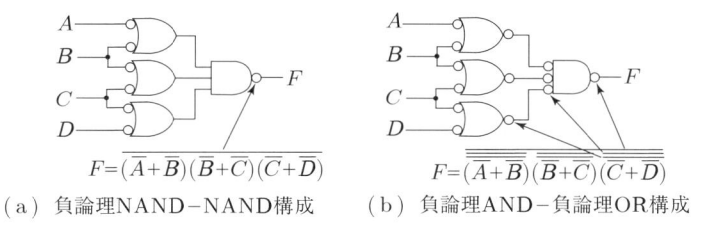

図 4.15　$F = AB + BC + CD$ の回路化 (2)

論理式 (4.10) を例として，二重，四重否定すると，つぎのようになる．

$$F = (A+B)(B+C)(C+D) \tag{4.10}$$

$$= \overline{\overline{(A+B) \cdot (B+C) \cdot (C+D)}} \tag{4.11}$$

$$= \overline{\overline{\overline{(\overline{A \cdot B})} + \overline{(\overline{B \cdot C})} + \overline{(\overline{C \cdot D})}}} \tag{4.12}$$

図 4.16 に論理式 (4.10), (4.11), (4.12) の回路化を示す．(a) は OR–AND, (b) は NOR–負論理 NOR, (c) は負論理 OR–負論理 AND 構成の回路を示す．

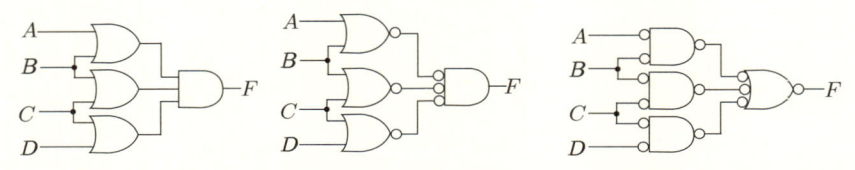

(a) OR–AND 構成　　(b) NOR–負論理 NOR 構成　　(c) 負論理 OR–負論理 AND 構成

図 4.16 $F = (A+B)(B+C)(C+D)$ の回路化

例題 4.2 図 4.17 は 4 段の正論理 NAND 構成回路である．つぎの問いに答えなさい．

(1) 負論理 NAND を用いて，AND-OR 構成の回路として示しなさい．
(2) (1) の AND-OR 回路の論理式を簡単化して回路化しなさい．

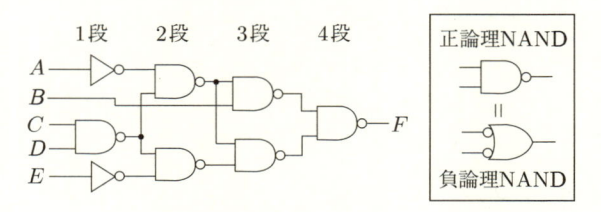

図 4.17 4 段の正論理回路

解答　(1) 第 2 段，第 4 段の NAND ゲートを図 4.17 の挿入図にある負論理 NAND に置き換えると，図 4.18 (a) の回路が得られる．この回路で第 1 段と第 2 段ゲート間，第 3 段と第 4 段ゲート間の否定 (○) は相殺するので，回路は (b) に示

(2) 図 4.18 (b) の回路より，つぎの論理式が導かれる．

$$F = (A + CD)B + (A + CD)(E + CD)$$

F を展開，簡単化し，回路化すると図 4.19 が得られる．

$$F = AB + BCD + AE + ACD + CDE + CD \cdot CD$$
$$= AB + EA + CD(1 + A + B + E)$$
$$= AB + CD + EA$$

(a) NAND−負論理NAND構成　　**(b) AND−OR構成**

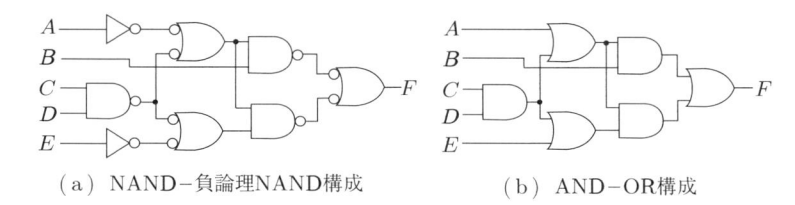

図 4.18　回路の簡単化

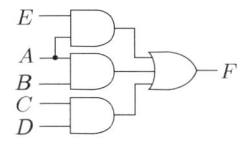

図 4.19　簡単化回路

4.4.2 切替スイッチ回路

A, B が "0" または "1" の入力データで第 3 の入力 C の論理値により，出力 F がつぎのように A または B のデータを出力するとき，

$$C = 0 \quad \to \quad F = A$$
$$C = 1 \quad \to \quad F = B$$

となる．この回路を**切替スイッチ回路**という．この回路の動作を真理値表で示すと表 4.2 のようになる．この表より，主加法標準形の論理式を導き，簡単化すると，

$$F = \overline{C}A\overline{B} + \overline{C}AB + C\overline{A}B + CAB$$
$$= \overline{C}A(\overline{B} + B) + C(\overline{A} + A)B = \overline{C}A + CB \tag{4.13}$$

となる．

表 4.2 切替スイッチ回路の真理値表

入力			出力
C	A	B	F
0	0	0	0
0	0	1	0
0	1	0	1
0	1	1	1
1	0	0	0
1	0	1	1
1	1	0	0
1	1	1	1

式 (4.13) を回路化すると，図 4.20 (a) に示す回路が得られる．また，右辺を二重否定すると，

$$F = \overline{\overline{(\overline{C}A + CB)}} = \overline{\overline{\overline{C}A \cdot \overline{CB}}}$$
$$= \overline{\overline{\overline{C}A} + \overline{\overline{CB}}} \tag{4.14}$$

と表せ，(b) の回路となる．

この回路は，正論理 NAND と負論理 NAND で構成され，1 ビットデータの切替回路としてよく使われる．

(a) $F = BC + A\overline{C}$ の回路化　　(b) $F = \overline{\overline{BC}} + \overline{\overline{A\overline{C}}}$ の回路化

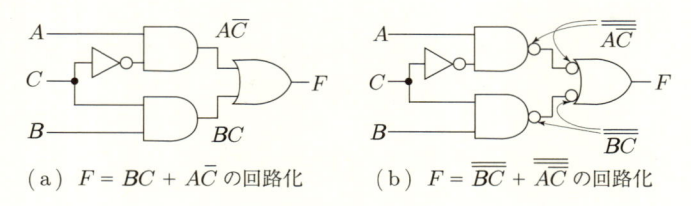

図 4.20 切換スイッチ回路の回路化

4.4.3 比較回路

2入力 A, B データの大小に対して，

$$A > B \rightarrow F_1 = 1, F_2 = F_3 = 0$$
$$A = B \rightarrow F_2 = 1, F_1 = F_3 = 0$$
$$A < B \rightarrow F_3 = 1, F_1 = F_2 = 0$$

の三つの信号データを出力する回路を**比較回路**という．この条件を真理値表に表すと表4.3のように示される．

表 4.3 比較回路の真理値表

入力	出力		
	F_1	F_2	F_3
$A\ B$	$A > B$	$A = B$	$A < B$
0 0	0	1	0
0 1	0	0	1
1 0	1	0	0
1 1	0	1	0

この真理値表より，出力 F_1, F_2, F_3 の主加法標準形の論理式を導くと，

$$A > B \rightarrow F_1 = A \cdot \overline{B}$$
$$A = B \rightarrow F_2 = A \cdot B + \overline{A} \cdot \overline{B} = \overline{\overline{A \cdot B + \overline{A} \cdot \overline{B}}}$$
$$= \overline{(\overline{A} + \overline{B}) \cdot (A + B)}$$
$$= \overline{A \cdot \overline{B} + \overline{A} \cdot B} \quad (4.15)$$
$$= \overline{A \oplus B} \quad (4.16)$$
$$A < B \rightarrow F_3 = \overline{A} \cdot B$$

となり，これらの論理式を回路化すると図4.21に示す回路が得られる．

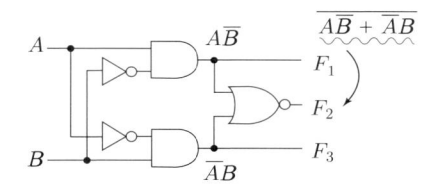

図 4.21 比較回路の回路化

例題 4.3 2桁のデータ $A = (A_1, A_0)$, $B = (B_1, B_0)$ を比較する 2 ビット比較回路を設計しなさい．ただし，$A = B$ のとき出力 $F = 1$，$A \neq B$ のとき $F = 0$ とする．

解答 $A = B$ $(A_1 = B_1, A_0 = B_0)$ のとき出力 $F = 1$ で，その他の場合は $F = 0$ になるので，真理値表は図 4.22（a）のように与えられ，論理式 F はつぎのように表せる．

$$F = \overline{A_0}\,\overline{B_0}\,\overline{A_1}\,\overline{B_1} + A_0 B_0 \overline{A_1}\,\overline{B_1} + \overline{A_0}\,\overline{B_0} A_1 B_1 + A_0 B_0 A_1 B_1$$

式 (4.15), (4.16) より

$$\overline{A \oplus B} = AB + \overline{A}\,\overline{B} \qquad (\text{ExOR の否定})$$

になるので，F はつぎのようになる．

$$\begin{aligned}
F &= \overline{A_0}\,\overline{B_0}(\overline{A_1}\,\overline{B_1} + A_1 B_1) + A_0 B_0 (\overline{A_1}\,\overline{B_1} + A_1 B_1) \\
&= \overline{A_0}\,\overline{B_0}\,\overline{(A_1 \oplus B_1)} + A_0 B_0 \overline{(A_1 \oplus B_1)} \\
&= (\overline{A_0}\,\overline{B_0} + A_0 B_0) \cdot \overline{(A_1 \oplus B_1)} = \overline{(A_0 \oplus B_0)} \cdot \overline{(A_1 \oplus B_1)}
\end{aligned}$$

この論理式を回路化すると，図 4.22（b）の 2 ビット比較回路が構成できる．

2桁		1桁		出力
A_1	B_1	A_0	B_0	F
0	0	0	0	1
0	0	1	1	1
1	1	0	0	1
1	1	1	1	1
その他				0

（a）真理値表　　　　　　（b）論理記号

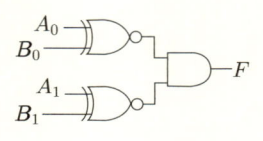

図 4.22 2 ビット比較回路

4.5 PLA

今まで述べてきた回路が AND, OR, NOT の基本ゲート回路の組み合わせで構成されているように，すべての組み合わせ回路は，原理的にこれらの基本ゲート回路で構成可能である．このことから，多数の AND, OR, NOT ゲー

トを配列し，外部プログラム操作により希望する回路設計が可能となるような集積回路が実現した．これを **PLA** (programmable logic array)，または **PLD** (programmable logic device) という．PLA は，外部プログラム操作により設計しようとする回路の論理式を AND，OR，NOT の組み合わせで容易に構成できることから，広く利用されている回路である．ここでは，PLA の構成と記述法について解説する．

4.5.1 AND，NOT，OR ゲート構成

第 10 章で述べるように，AND，OR ゲート回路はダイオード構成で簡単に表示できるので，PLA 構成要素の AND，OR ゲートはダイオード回路記号で表示する．NOT ゲート回路はトランジスタ構成がもっとも簡単で，その表示が複雑になるので，PLA には NOT ゲートは論理記号を用いて表示する．ダイオード，トランジスタの動作については，第 10 章で記述する．

図 4.23 (a) はダイオードによる AND ゲート，(b) は否定入力 AND ゲート，(c) は OR ゲートの基本構成を示す．

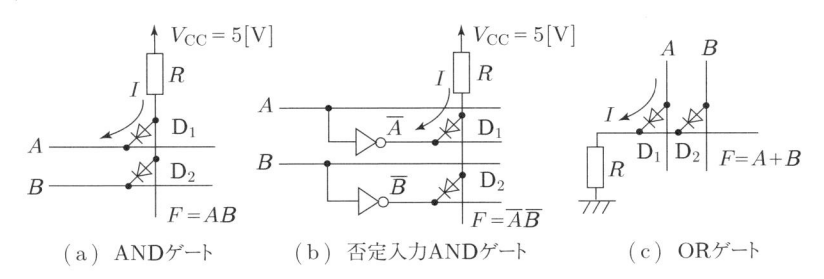

(a) ANDゲート　　(b) 否定入力ANDゲート　　(c) ORゲート

図 4.23 ダイオードによる各ゲート回路の基本構成

(a) では，電源 $V_{CC}=5$ [V] に抵抗 R を介してダイオードが入力 A，B と接続されている．入力端子 A，B の電圧の一方，または両方が 0 [V] であると，抵抗 R，ダイオードを通じて電流が矢印の方向に流れ，抵抗 R による電圧降下により出力端子 F の電圧は，～0 [V] になる．一方，A，B 電圧の両方が 5 [V] のときは，電流が流れず出力電圧は $V_{CC}=5$ [V] になる．いま，電圧と論理値をつぎのように対応させ，

$$\text{電圧 } V=5 \text{ [V]} \rightarrow \text{論理値}=1, \text{電圧 } V=0 \text{ [V]} \rightarrow \text{論理値}=0$$

出力 F を入力変数 A，B で表すと，

$$F = A \cdot B$$

となり，この回路構成は AND ゲートの動作をする．同様に，(b) では否定入力 AND ゲートにより A, B の反転入力 $\overline{A}$, $\overline{B}$ がダイオードと接続されているので，出力 F は

$$F = \overline{A} \cdot \overline{B}$$

と $\overline{A}$, $\overline{B}$ の積として表せる．

(c) では，入力 A, B はダイオード，抵抗 R を介して接地されている．入力 A, B の一方か，両方が 5 [V] のとき，ダイオード，抵抗 R を通じて電流が矢印の方向に流れ，出力 F は 5 [V] となる．一方，A, B の電圧が 0 [V] (接地レベル) のときは，電流が流れないので出力 F の電圧は 0 [V] となる．この動作は，OR ゲートに対応するので，出力 F は

$$F = A + B$$

と表せる．

4.5.2 PLA 構成

前節で述べた AND, NOT, OR ゲート回路構成を直列に結合すると PLA を構成できる．図 4.24 に PLA の簡単な例を示す．図に示すように，回路は A, B, C の 3 入力で，AND と NOT ゲートからなる **AND** ゲートアレーと OR ゲートからなる **OR** ゲートアレーを結合して構成される．出力 F_1 は，AND アレーからの出力線 1 の ABC と出力線 4 の AB が OR アレーに入力されるので，

$$F_1 = ABC + AB$$

出力 F_2 は，AND アレーからの出力線 2, 3, 4 が OR アレーに入力されるので，

$$F_2 = \overline{A}\,\overline{B}\,\overline{C} + A\,\overline{B}\,C + AB$$

と与えられる．

PLA は，最初は図の点線部にもすべてダイオードが接続されているが，不要なダイオードの結線をプログラム操作で切断し，希望する任意の回路を構築できることが一つの大きな利点である．

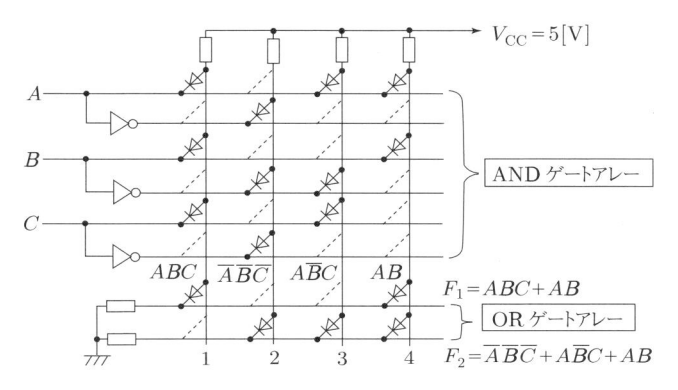

図 4.24 PLA の基本構成

> **例題 4.4** つぎの論理式を PLA 表示で示しなさい．
> (1) $F_1 = A\overline{B} + \overline{A}B$ (2) $F_2 = \overline{AB}$ (3) $F_3 = \overline{(A+B)}$

解答　(1) $F_1 = A\overline{B} + \overline{A}B$ は，$A\overline{B}$ と $\overline{A}B$ を AND アレーで構成し，そのまま OR アレーに入力する．
(2) F_2 はそのまま PLA 表示できないので，

$$F_2 = \overline{AB} = \overline{A} + \overline{B}$$

と展開して PLA 表示する．
(3) F_3 もそのまま PLA 表示できないので，つぎの変形後に表示する．

$$F_3 = \overline{(A+B)} = \overline{A}\,\overline{B}$$

結果をまとめて，図 4.25 に示す．

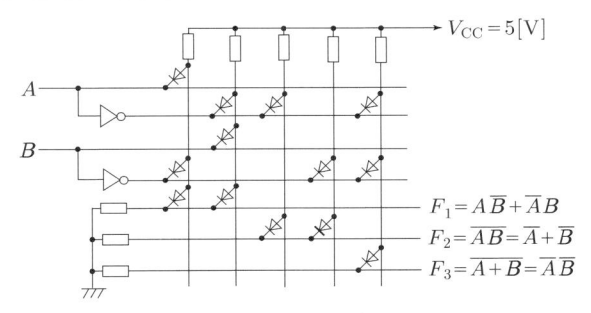

図 4.25 PLA 表示

演習問題

4.1 つぎの論理式を回路化しなさい．
(1) $F = AB + CD$
(2) $F = (A+B)(C+D)$
(3) $F = \overline{AB} + \overline{CD}$
(4) $F = (\overline{A+B})(\overline{C+D})$
(5) $F = \overline{AB + CD}$
(6) $F = \overline{(A+B)(C+D)}$

4.2 つぎの論理式 (1) を NAND 構成に，論理式 (2) を NOR 構成の回路に変換しなさい．
(1) $F_1 = AB + CD$
(2) $F_2 = (A+B)(C+D)$

また，図 4.26 の入力 A, B, C, D に対する出力 F_1, F_2 のタイミングチャートを作成しなさい．

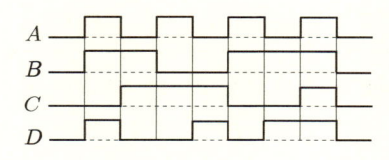

図 4.26 タイミングチャート

4.3 4ビットデータを $A = (A_3, A_2, A_1, A_0)$，$B = (B_3, B_2, B_1, B_0)$ とし，すべてのビット $i (i = 0, \cdots, 3)$ に対し

$$A_i = B_i \text{ のとき: } F = 1$$
$$A_i \neq B_i \text{ のとき: } F = 0$$

の機能をもつ4ビット比較回路を例題 4.3 にならって構成しなさい．

4.4 A, B, C を3人の投票者として2人以上の賛成があるとき，出力 $F = 1$ (賛成)，それ以外の場合を $F = 0$ (反対) として真理値表を作成し，回路を構成しなさい．この回路は多数決回路ともよばれる．

4.5 つぎの論理式を PLA 表示で示しなさい．
(1) $F_1 = \overline{A}BC + A\overline{B}C + AB\overline{C}$
(2) $F_2 = (A + \overline{B})(B + C)$

第5章

フリップフロップ回路

　フリップフロップ回路 (flip-flop circuit : FF) は，データを出力し，記憶する機能をもつ回路である．前章まで取り扱ったゲート回路は，出力が入・出力信号の時間順序によらない回路で，組み合わせ回路とよばれているが，フリップフロップ回路は，出力が入・出力信号の時間順序に依存する回路で**順序回路** (sequential logic circuit) とよばれる．フリップフロップ回路には，クロックパルスに同期しない非同期式と，同期して動作する同期式がある．

　本章では，フリップフロップ回路の記憶機能の概念と非同期式のRS-FFの基本動作を解説し，つぎに，同期式のRST-FF，JK-FF，D-FFについて解説する．

5.1　非同期式フリップフロップ回路

5.1.1　記憶機能と帰還回路

　フリップフロップ回路の一つの特性である記憶機能について，図5.1に示すように二つのNOTゲート（インバータ）G_1，G_2を接続した回路を用いて説明する．

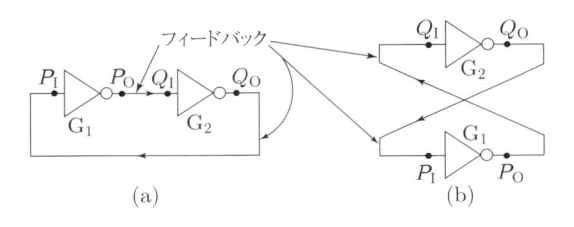

図 5.1　フリップフロップの記憶機能

(a) において，最初のインバータ G_1 の入力 P_I，出力 P_O とし，つぎのインバータ G_2 の入力 Q_I，出力 Q_O とする．図に示すように G_1 と G_2 が接続されると，入出力状態は $(P_I \to P_O \to Q_I \to Q_O)$ と進行し，これを繰り返し循環する．いま，$P_I = 0$ とすると，入出力状態は $(0 \to 1 \to 1 \to 0)$ と進行し，この状態を繰り返すので，$(P_I, P_O, Q_I, Q_O) = (0, 1, 1, 0)$ は常に保持される．同様に，$P_I = 1$ とすると，入出力状態は $(1 \to 0 \to 0 \to 1)$ の状態を繰り返し，$(P_I, P_O, Q_I, Q_O) = (1, 0, 0, 1)$ は常に保持される．この状態の保持を**記憶**という．この記憶機能は $G_2(G_1)$ の出力 $Q_O(P_O)$ を $G_1(G_2)$ の入力 $P_I(Q_I)$ に戻して接続することにより得られる．この出力を入力に戻して接続する回路を，**帰還回路**または**フィードバック** (feedback) という．

(a) を変形し，(b) に示すように二つのインバータを並列に並べ替えると，出力 → 入力接続が対称な回路にすることができる．このインバータ二つの回路は，フリップフロップ回路の原型を構成する．しかし，この回路では出力状態 $P_O = 0$ か 1 を保持記憶することはできるが，その状態を $P_O = 1$ か，0 に反転させることはできない．フリップフロップ回路は，このインバータを NOR または NAND ゲートに置き換えて出力状態の反転や保持などの動作を可能にした回路である．

5.1.2　RS-FF と基本動作

RS-FF は，reset(R)-set(S) FF といい，記憶機能をもつもっとも基本的なフリップフロップ回路である．2 入力 R，S と 2 出力 Q，$\overline{Q}$ をもつ非同期式のフリップフロップ回路で，その論理記号を図 5.2 (a)，回路を (b) に示す．図 5.1 (b) のインバータを NOR ゲートで置き換えた構成になっている．

図 5.2 (b) に示すように，フリップフロップ回路は，R，S と現時点の出力 Q，$\overline{Q}$ が NOR ゲートに入力される帰還回路 (フィードバック) で構成されている．このような場合には，出力の時間順序を示す必要があるので，現時点での

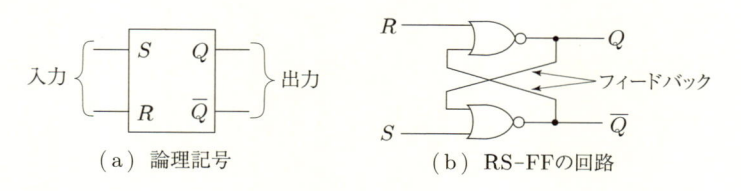

図 5.2　RS-FF

出力を Q^t, つぎの時点での出力を Q^{t+1} と区別して示す.

まず, 要求される RS-FF の基本動作を表 5.1 の真理値表に示す. この表は, 出力状態が時間的に遷移するので, **状態遷移表**とよばれる.

この状態遷移表で, 入力条件 $S=0$, $R=0$ のとき, 出力 $(Q^{t+1}, \overline{Q^{t+1}})$ は初期入力 $(Q^t, \overline{Q^t})$ を出力するので**保持(記憶)状態**という. $S=0$, $R=1$ に対しては, 出力は $(Q^{t+1}, \overline{Q^{t+1}}) = (0,1)$ で $Q^{t+1}=0$ にリセットするので**リセット状態**. 一方, $S=1$, $R=0$ に対しては, $(Q^{t+1}, \overline{Q^{t+1}}) = (1,0)$ で $Q^{t+1}=1$ にセットするので**セット状態**という. 入力条件 $R=S=1$ に対しては, 出力 $(Q^{t+1}, \overline{Q^{t+1}}) = (0,0)$ となり, 出力 $(Q, \overline{Q})$ は反転条件を満たさないので, **禁止状態**とよばれ, 避けるのが通常である.

表 5.1 RS-FF(2入力) の状態遷移表

入力		出力		動作状態
S	R	Q^{t+1}	$\overline{Q^{t+1}}$	
0	0	Q^t	$\overline{Q^t}$	保持
0	1	0	1	リセット
1	0	1	0	セット
1	1	0	0	禁止

表 5.2 RS-FF(3入力) の状態遷移表

入力			出力		動作状態
S	R	Q^t	Q^{t+1}	$\overline{Q^{t+1}}$	
0	0	0	0	1	保持
0	0	1	1	0	
0	1	0	0	1	リセット
0	1	1	0	1	
1	0	0	1	0	セット
1	0	1	1	0	
1	1	0	0	0	禁止
1	1	1	0	0	

図 5.2 に示したように, フリップフロップ回路では初期出力 Q^t が入力側にフィードバックされているので, 状態遷移表を Q^t も含めた 3 入力 (S, R, Q^t) に書き換えてから論理式を求める必要がある. 表 5.1 を 3 入力の状態遷移表に書き換えると, 表 5.2 が得られる.

この状態遷移表から, Q^{t+1}, $\overline{Q^{t+1}}$ の論理式を導くと, つぎの式が求められる.

$$Q^{t+1} = \overline{S}\,\overline{R}Q^t + S\overline{R}(\overline{Q^t}+Q^t) = \overline{S}\,\overline{R}Q^t + S\overline{R} = \overline{R}(S+\overline{S}Q^t)$$
$$= \overline{R}(S+Q^t)(S+\overline{S}) = \overline{R}(S+Q^t) = \overline{R+(\overline{S+Q^t})} \quad (5.1)$$

$$\overline{Q^{t+1}} = \overline{S}\,\overline{R}\,\overline{Q^t} + \overline{S}\,R\,(\overline{Q^t}+Q^t) = \overline{S}\,\overline{R}\,\overline{Q^t} + \overline{S}\,R$$
$$= \overline{S}(R+\overline{R}\,\overline{Q^t}) = \overline{S}(R+\overline{Q^t}) = \overline{S+(\overline{R+\overline{Q^t}})} \quad (5.2)$$

式 (5.1) は, R と, S と Q^t の NOR との NOR で, 2 個の NOR ゲート構成を

示す．同様に，式 (5.2) も S と，R と $\overline{Q^t}$ の NOR との NOR で表されている．この論理式を回路化すると，図 5.2 (b) に示す 2 個の NOR ゲートで構成された RS-FF の回路が得られる．この RS-FF を **NOR 型 RS-FF** という．

禁止状態は $R = S = 1$ で発生するので，禁止状態回避の条件は次式で与えられる．

$$RS = 0 \quad (\text{または } \overline{R} + \overline{S} = 1)$$

この条件を式 (5.1) に加えて変形すると，

$$Q^{t+1} = \overline{R}(S + Q^t) + RS = (\overline{R} + R)S + \overline{R}\,Q^t$$
$$= S + \overline{R}Q^t \tag{5.3}$$

が導かれる．式 (5.3) を **RS-FF の特性方程式** (RS-FF characteristic equation) といい，RS-FF の動作特性を示す論理式である．

RS-FF 特性方程式 (5.3) の右辺を二重否定すると，次式が得られる．

$$Q^{t+1} = \overline{\overline{S + \overline{R}Q^t}} = \overline{\overline{S} \cdot \overline{\overline{R}Q^t}} \tag{5.4}$$

この式を回路化すると，図 5.3 (a) に示す二つの NAND で構成される回路が得られる．この RS-FF を **NAND 型 RS-FF** という．入力 $\overline{S}$, $\overline{R}$ は S, R の否定であるので，NAND 型 RS-FF は NOR 型 RS-FF の負論理表現に対応する．式 (5.4) より，入力 $\overline{S}$, $\overline{R}$ に対する Q^{t+1} を求めると，(b) の状態遷移表が導かれる．

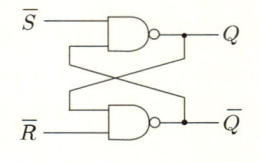

入力		出力		動作状態
$\overline{S}$	$\overline{R}$	Q^{t+1}	Q^{t+1}	
0	0	1	1	禁止
0	1	1	0	セット
1	0	0	1	リセット
1	1	Q^t	$\overline{Q^t}$	保持

（a）NAND型RS-FF回路　　　　（b）状態遷移表

図 5.3 NAND 型 RS-FF

5.1 非同期式フリップフロップ回路　71

例題 5.1　RS-FF の特性方程式 (5.3) を用いて，図 5.4 のタイミングチャートを説明しなさい．

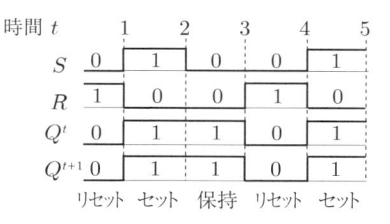

```
時間 t     1     2     3     4     5
S     0 | 1 | 0 | 0 | 1 |
R     1 | 0 | 0 | 1 | 0 |
Q^t   0 | 1 | 1 | 0 | 1 |
Q^{t+1} 0 | 1 | 1 | 0 | 1 |
      リセット セット 保持 リセット セット
```

図 5.4　RS-FF のタイミングチャート

解答　時間 $t=1$ 以前では，$S=0$, $R=1$, $Q^t=0$ のリセット状態であるとする．$t=1$ の時点で，$S=1$, $R=0$ で，現時点の Q^t は $t=1$ 直前の値 $Q^t=0$ をとる．これらの値を特性方程式 (5.3) に代入すると，$Q^{t+1}=1$ が得られる．$t=2$ では Q^t が以前の Q^{t+1} の値になるので，$Q^t=1$ になる．この手順で Q^{t+1} を求めると，図 5.4 のタイミングチャートが得られる．

5.1.3　禁止状態の動作

禁止状態におけるフリップフロップ回路は，特殊な動作をする．図 5.5 に示す NOR 型 RS-FF とタイミングチャートの例を用い，この動作を説明する．

禁止状態では，出力 $\overline{Q}$ は Q の反転条件を満たさなくなるので，出力 $\overline{Q} \to P$ と置き換え Q と独立とする．(b) のタイミングチャートで，条件 (R, S) を左からリセット → 保持 → セット → リセット → 禁止と入力すると，出力 Q, P

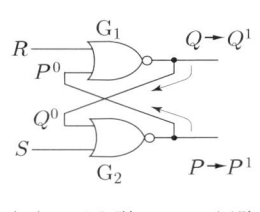

(a) NOR型RS-FF回路　　　(b) タイミングチャート

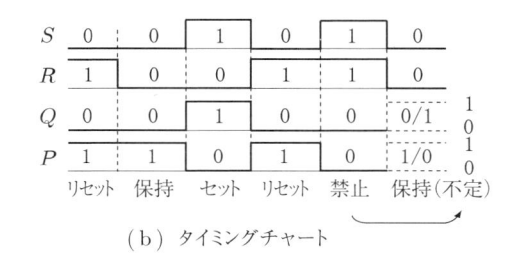

図 5.5　NOR 型 RS-FF

は，表 5.1 の状態遷移表に従って出力される．

禁止状態 ($Q = P = 0$) から保持の状態への遷移の瞬間では，最初にどちらのゲート (G_1, G_2) が動作するかは決めることができない．最初にゲート G_1 が動作すると仮定すると，G_1 の最初の出力 Q^1 が G_2 に入力され P^1 を出力する．禁止状態 ($S = R = 1$, $Q^0 = P^0 = 0$) から保持状態 ($S = R = 0$) への遷移なので，(a) の回路より，出力 Q^1, P^1 はつぎのように与えられる．

$$Q^1 = \overline{R + P^0} = \overline{0 + 0} = 1 \quad \rightarrow \quad P^1 = \overline{S + Q^1} = \overline{0 + 1} = 0$$

逆に，G_2 が最初に動作すると，

$$P^1 = \overline{S + Q^0} = \overline{0 + 0} = 1 \quad \rightarrow \quad Q^1 = \overline{R + P^1} = \overline{0 + 1} = 0$$

となり，どちらのゲートが最初に動作するかにより出力 Q, P は，"1, 0"，または，"0, 1" の**不定状態**となる．これが $R = S = 1$ が禁止入力といわれる理由である．

例題 5.2 図 5.5 (a) の NOR 型 RS-FF を用いて，入力が禁止状態からセット状態への遷移では出力は不定にならないことを図 5.6 のタイミングチャートを使って示しなさい．

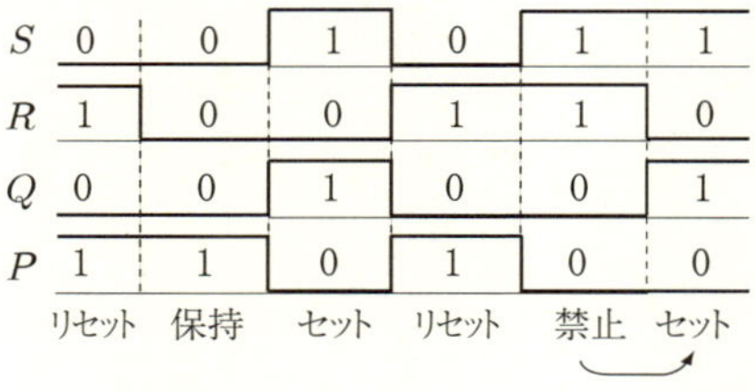

S	0	0	1	0	1	1
R	1	0	0	1	1	0
Q	0	0	1	0	0	1
P	1	1	0	1	0	0
	リセット	保持	セット	リセット	禁止	セット

図 5.6 NOR 型 RS-FF のタイミングチャート

解答 図 5.6 のタイミングチャートで，禁止入力までの出力は状態遷移表より直接導くことができる．禁止状態 ($S = R = 1$, $Q^0 = P^0 = 0$) からセット状態 ($S = 1$, $R = 0$) への遷移では，$S = 1 \rightarrow 1$, $R = 1 \rightarrow 0$ なので，最初にゲート G_2 が作動する．$S = 1$ より P は強制的に $P = 0$ になり，$Q = \overline{R + P} = \overline{0 + 0} = 1$ となる．よって，出力は $Q = 1$, $P = 0$ のセット状態となり，安定する．禁止状態からリセット状態に遷移するときも，同様に出力は安定する．

5.2 同期式フリップフロップ回路

5.2.1 RST-FF

RST-FF は，外部入力信号**クロックパルス** (clock pulse) T と同期して RS-FF の出力状態の遷移を引き起こすフリップフロップ回路である．図 5.7 (a) にその論理記号を示す．入力は R, S, T, 出力は Q, $\overline{Q}$ である．T は状態遷移を引き起こすパルスで**トリガパルス** (trigger pulse) ともいう．(b) は，NAND ゲート構成の RST-FF 回路を示す．前段は時間制御回路で，後段は負論理表現の NAND 型 RS-FF(表 5.1 参照) で構成され，前段回路と後段回路の中間出力を U, V, 最終出力を Q, $\overline{Q}$ として示した．$\overline{Q}$ が Q の反転条件を満たさないときは，$\overline{Q}$ を P として示す．

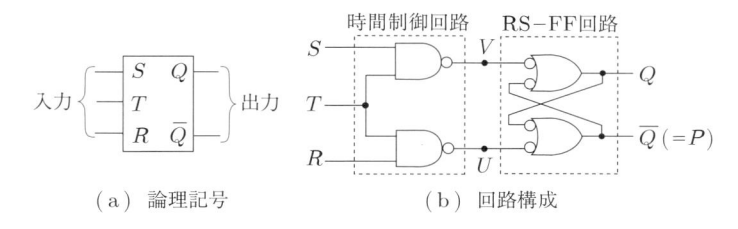

図 5.7 RST-FF

RST-FF の特性方程式 は，(b) の回路より導くことができる．中間出力 V, U は，

$$V = \overline{S \cdot T}, \quad U = \overline{R \cdot T} \tag{5.5}$$

である．初期出力状態 Q^t を下段ゲートに入力し，その出力 P^t を上段ゲートに入力し，Q^{t+1} が出力されたとすると，

$$P^t = \overline{Q^t} + \overline{U} = \overline{Q^t \cdot U} \tag{5.6}$$

$$Q^{t+1} = \overline{P^t} + \overline{V} = \overline{P^t \cdot V} = \overline{\overline{Q^t \cdot U} \cdot V} = V + Q^t \cdot U \tag{5.7}$$

となる．式 (5.5) の U, V を式 (5.7) に代入すると，Q^{t+1} はつぎの式で与えられる．

$$Q^{t+1} = S \cdot T + Q^t \cdot \overline{R \cdot T} \tag{5.8}$$

クロックパルス $T=0$ を入力とすると，出力 $Q^{t+1} = Q^t$, $\overline{Q^{t+1}} = \overline{Q^t}$ となり Q, $\overline{Q}$ は保持される．$T=1$ のとき，

$$Q^{t+1} = S + Q^t \cdot \overline{R} \tag{5.9}$$

となり，RST-FF の特性方程式が得られる．P^t を $\overline{Q^{t+1}}$ として式 (5.6)，(5.8) より，表 5.3 に示すような RST-FF の状態遷移表が導かれる．

表 5.3 RST-FF の中間状態を含めた状態遷移表

入力			出力				動作状態
T	S	R	V	U	Q^{t+1}	$\overline{Q^{t+1}}$	
0	0	0	1	1	Q^t	$\overline{Q^t}$	保持
0	0	1	1	1			
0	1	0	1	1			
0	1	1	1	1			
1	0	0	1	1	Q^t	$\overline{Q^t}$	保持
1	0	1	1	0	0	1	リセット
1	1	0	0	1	1	0	セット
1	1	1	0	0	1	1	禁止

クロックパルス $T=0$ では $U=1$，$V=1$ になり，出力はそのまま保持される．この状態を**ゲート閉じ** (gate close) という．パルスが $T=0$ から $T=1$ に立ち上がると，出力の遷移が可能な状態になる．この状態を**ゲート開放** (gate open) という．

表 5.4 RST-FF の状態遷移表

入力			出力		動作状態
S	R	T	Q	$\overline{Q}$	
0	0	⌐	Q	$\overline{Q}$	保持
0	1		0	1	リセット
1	0		1	0	セット
1	1		1	1	禁止

パルスの立ち上がりで状態遷移を起こす場合を**ポジティブエッジトリガ** (positive edge trigger) という．状態遷移表には，T の列に記号 (⌐) を用いて簡単化し，表 5.3 の遷移表を表 5.4 のように示す．回路論理記号の入力 T には，記号 (▷) をつける．逆に，クロックパルス T の立ち下がりで状態遷移を起こす場合は，**ネガティブエッジトリガ** (negative edge trigger) という．状態遷移

表の T の列に記号 (⤓) を用い，回路論理記号の入力 T には，記号 (▷) をつける．

例題 5.3 図 5.8 は，RST-FF のタイミングチャートの例である．表 5.3 より，初期値を $Q=0$, $\overline{Q}=1$ として出力 Q, $\overline{Q}$ のタイミングチャートを求めなさい．

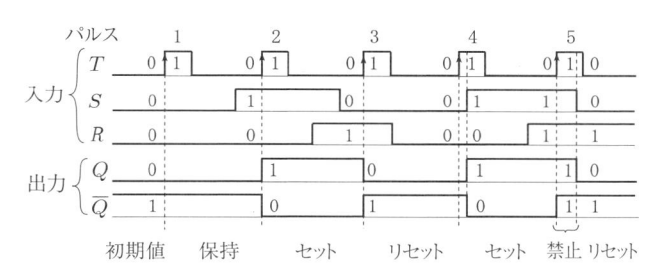

図 5.8 RST-FF のタイミングチャート

解答 第 1 クロックパルス T の立ち上がり $T=0 \to 1$ では $S=R=0$ なので，表 5.4 より出力 Q, $\overline{Q}$ は保持される．そのパルスの立ち下がり $T=1 \to 0$ ではゲートが閉じるので，Q, $\overline{Q}$ は第 $2T$ の立ち上がりまで保持される．第 $2T$ の立ち上がりでは $S=1$, $R=0$ なので，出力はセット ($Q=1$, $\overline{Q}=0$) され，第 $3T$ の立ち上がりで，出力はリセット ($Q=0$, $\overline{Q}=1$) される．第 $4T$ の立ち上がり時点では入力は $S=R=0$ なので，出力はリセットを保持するが，第 $4T$ のゲート開放状態中 ($T=1$) に $S=1$, $R=0$, と変化するので，その時点で出力はセット状態になる．

第 $5T$ の立ち上がりでは，$S=R=1$ で出力は $Q=1$, $\overline{Q}=1$ の禁止状態になるが，ゲート開放時に入力が $S=0$, $R=1$ に遷移するので，出力は禁止状態からリセット状態 $Q=0$, $\overline{Q}=1$ に遷移する．前節で述べたように，$T=1$ の状態で $S=R=1$ の禁止状態から $S=R=0$ の保持状態に遷移すると不定状態が発生する．

5.2.2 JK-FF

JK-FF は，クロックパルス T と二つの制御信号 J, K を入力して Q, $\overline{Q}$ を出力するフリップフロップ回路である．図 5.9 に論理記号と状態遷移表を示す．JK-FF は T の立ち下がりでトリガする (状態遷移を引き起こす) ネガティブエッジトリガ型で，論理記号には記号 (▷) をつけ，状態遷移表には T の立ち下が

(a) 論理記号

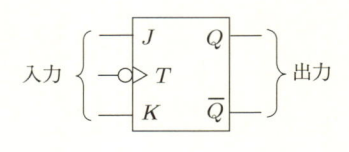

入力			出力		動作状態
J	K	T	Q	$\overline{Q}$	
0	0		Q	$\overline{Q}$	保持
0	1		0	1	リセット
1	0		1	0	セット
1	1		$\overline{Q}$	Q	反転

(b) 状態遷移表

図 5.9 JK-FF

りを示す記号 ( ) をつける．

　JK-FF は，保持，リセット，セットと新たな反転機能をもつ．反転は RST-FF の禁止入力を改善した機能で，出力 Q, $\overline{Q}$ は常に反転条件を満たす．JK-FF は他のフリップフロップにも転用できる機能をもつので，Jack と King のように万能であるという意味で JK-FF とよばれる．

　一般に，**マスタ・スレーブ** (master-slave) 型の JK-FF が広く使用されている．ここでは，このタイプの JK-FF について説明する．図 5.10 はマスタ・スレーブ型 JK-FF の基本的な回路構成を示す．JK-FF は 2 組の RST-FF で構成され，前段のマスタ FF が後段のスレーブ FF を制御する．後段のスレーブ FF は，反転クロックパルス $\overline{T}$ の立ち上がり (T の立ち下がり) で，出力 Q, $\overline{Q}$ がトリガされるので，JK-FF はネガティブエッジトリガ型の FF となる．

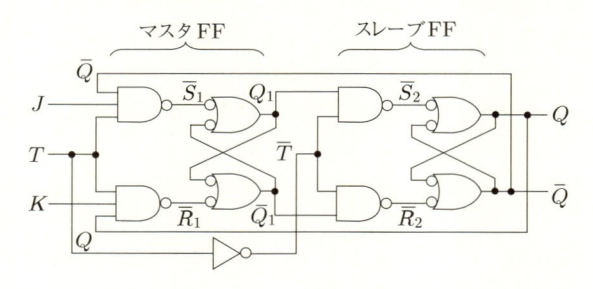

図 5.10 マスタ・スレーブ型 JK-FF の回路構成

　JK-FF の特性方程式は，図 5.9 (b) の状態遷移表を用い，入力 T, J, K, Q^t, 出力を Q^{t+1} として新たに遷移表を作成して求めることができる (演習問題参照)．この遷移表とカルノー図を用いて，つぎの特性方程式を導くことができる．

5.2 同期式フリップフロップ回路

$$Q^{t+1} = \overline{KT} \cdot Q^t + JT \cdot \overline{Q^t} \tag{5.10}$$

図 5.11 は，マスタ・スレーブ型 JK-FF のタイミングチャートを示す．JK-FF には禁止入力がなく，クロックパルスの立ち下がり直前の J, K の値で出力遷移が起こる．図 5.9 (b) の状態遷移表より，最初のクロックパルス T の立ち下がりで $J=K=0$ の保持状態なので，出力は初期値 ($Q=0$, $\overline{Q}=1$) を保持する．以後の T の立ち下がりでも J, K の状態により出力は遷移する．T の立ち下がり以外の時点で J, K が変化しても，出力の遷移は起こらない．

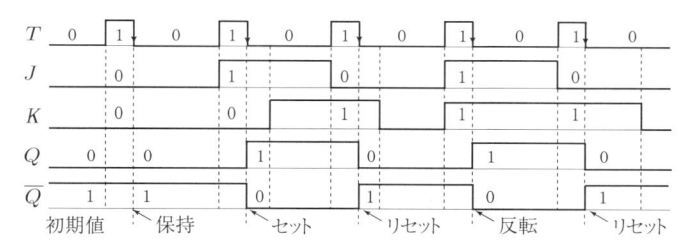

図 5.11 マスタ・スレーブ型 JK-FF のタイミングチャート

例題 5.4 図 5.12 は，マスタ・スレーブ型 JK-FF 回路 (図 5.10) のタイミングチャートを示す．RST-FF の遷移表 5.4 を用いて，各段のタイミングチャートを説明しなさい．ただし，J, K, T は与えられているとする．

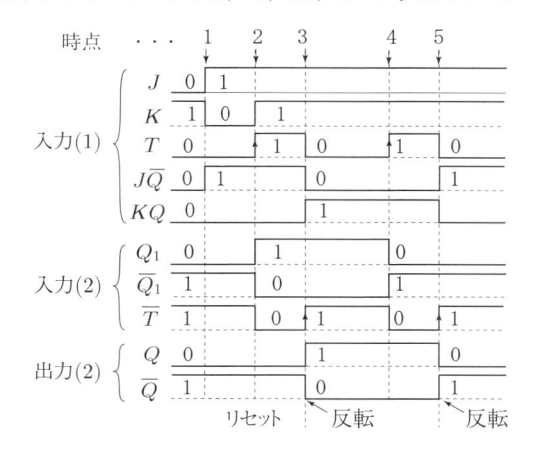

図 5.12 マスタ・スレーブ型 JK-FF のタイミングチャート

解答 図 5.10 の回路より，マスタ FF とスレーブ FF の入力，出力は，

マスタ FF ：入力 (1) = J, K, T, 　　出力 (1) = $Q_1, \overline{Q_1}$
スレーブ FF：入力 (2) = $Q_1, \overline{Q_1}, \overline{T}$, 　出力 (2) = $Q, \overline{Q}$

T と $\overline{T}$ は，それぞれマスタ FF，スレーブ FF のゲート開放と閉じの機能をもち，つぎの動作をする.

$T = 0 \to Q_1, \overline{Q_1}$ を保持，　$T = 1 \to Q_1, \overline{Q_1}$ の遷移可能

$\overline{T} = 0 \to Q, \overline{Q}$ を保持，　$\overline{T} = 1 \to Q, \overline{Q}$ の遷移可能

図 5.12 で入力条件の変化する時点を番号 $1, 2, 3, \cdots$ で示す．入力 (1) には表 5.4 の入力 S, R に対応する $J\overline{Q}$, KQ も含め，また出力 (1) の Q_1, $\overline{Q_1}$ は入力 (2) の一部として示した．第 1 時点で $J = 0 \to 1$, $K = 1 \to 0$ と変化するが，第 2 時点までは $T = 0$ のゲート閉じなので初期値のリセット状態 ($Q_1 = 0$, $\overline{Q_1} = 1$, $Q = 0$, $\overline{Q} = 1$) を保持し，$J\overline{Q} = 0 \to 1$, $KQ = 0 \to 0$ となる.

第 2 時点では，$J = 1 \to 1$, $K = 0 \to 1$, $T = 0 \to 1$ で T はゲート開放，$\overline{T} = 1 \to 0$ でゲート閉じで，出力はリセット状態 ($Q = 0$, $\overline{Q} = 1$) を保持する．また，$T = 1$, $J\overline{Q} = 1$, $KQ = 0$ なので，$Q_1 = 1$, $\overline{Q_1} = 0$ と遷移する.

第 3 時点では，$J = K = 1$ を保持し $T = 0$ でゲートを閉じ，$\overline{T} = 1$ でゲート開放になる．よって，出力 (1) は $Q_1 = 1$, $\overline{Q_1} = 0$ で，出力 (2) は $Q = 0 \to 1$, $\overline{Q} = 1 \to 0$ に反転セットされ，$J\overline{Q} = 0$, $KQ = 1$ に遷移する．その後の時点でも，同様に出力を求めることができる.

5.2.3　D-FF と T-FF

D-FF は，遅延フリップフロップ (delayed flip-flop) ともよばれ，1 入力 D とクロックパルス T で動作する同期式フリップフロップである．入力パルス D を最大で 1 クロック周期まで遅らすことができるので，このようによばれる．図 5.13 は，ポジティブエッジトリガ型の D-FF の論理記号と状態遷移表を示す.

D-FF の回路は，ネガティブエッジトリガ型の JK-FF にクロックパルス CP を反転して入力し，ポジティブエッジトリガ型のフリップフロップ回路として構成することができる．図 5.14(a) にその回路構成，(b) にタイミングチャートを示す.

(a) より，各 CP の立ち上がりで出力 $Q = D$ とセットされる．(b) に示すように，Q_1 と入力 D_1 の時間差を T_d，1 クロック周期を T とし，D_1 を矢印の方

(a) D-FFの論理記号

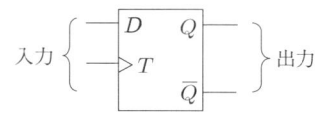

(b) D-FFの状態遷移表

入力		出力		動作状態
D	CP	Q	$\bar{Q}$	
0	↑	0	1	リセット
1	↑	1	0	セット

図 5.13 ポジティブエッジトリガ型 D-FF

(a) JK-FF構成回路

(b) タイミングチャート

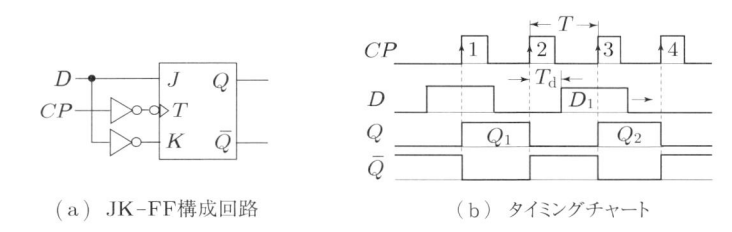

図 5.14 JK-FF 構成の D-FF

(a) RST-FF構成回路

(b) タイミングチャート

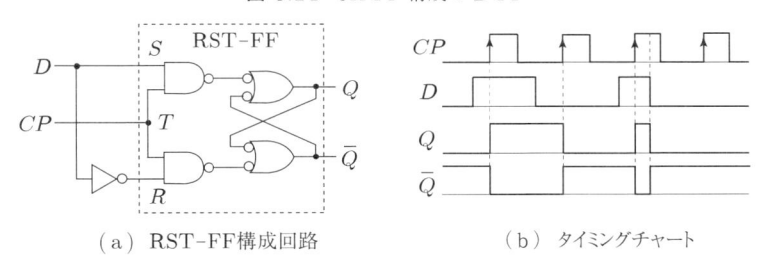

図 5.15 RST-FF 構成の D-FF

向に移動すると，CP の立ち上がり直前 ($T_d < T$) までは出力 Q_2 は変化しない．$T_d > T$ とすると，出力 Q_2 は T の単位で右に移動する．

図 5.15 (a) に RST-FF 構成の D-FF，(b) にタイミングチャートを示す．(a) より，この D-FF はクロックパルス CP の立ち上がりでトリガする．(b) に示すように，$T = 1$ ($CP = 1$) のゲート開放中に入力 D の状態が変化すると，出力 Q はその時点で遷移を起こす．このような回路を **D ラッチ** (D-latch) といい，JK-FF のように出力遷移がクロックパルスのエッジでのみ起こるフリップフロップ回路と区別する．

T-FF は，入力がクロックパルス CP のみで動作するもっとも単純なフリップフロップ回路で**トリガ** (trigger)**FF** または**トグル** (toggle)**FF** とよばれる．

T-FF は，入力 CP の立ち上がり，または立ち下がりで出力 Q, $\overline{Q}$ が反転動作し，他の FF より構成することができる．図 5.16 (a) に D-FF と JK-FF 構成の T-FF，(b) に論理記号，(c) にタイミングチャートを示す．D-FF 構成はポジティブエッジトリガ型，JK-FF 構成はネガティブエッジトリガ型なので，T-FF にはポジティブエッジ型とネガティブエッジ型のフリップフロップ回路がある．

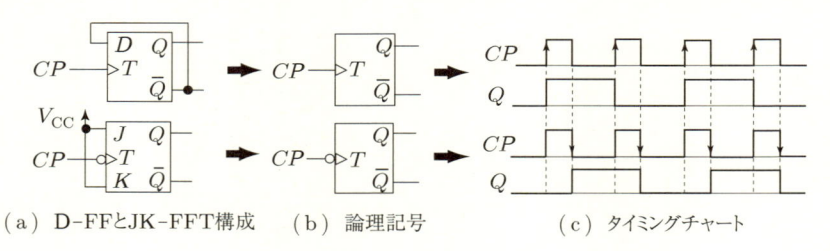

(a) D-FF と JK-FFT 構成　　(b) 論理記号　　(c) タイミングチャート

図 5.16　T-FF の回路構成とタイミングチャート

5.2.4　PR と CLR

フリップフロップ回路の初期状態の設定には，出力 $Q=1$ にセットする**プリセット** (preset：PR) と出力 $Q=0$ にリセットする**クリア** (clear：CLR) 機能を用いる．図 5.17 に JK-FF の PR, CLR の使用例を示す．PR と CLR は反転記号 (○) を通して入力される．PR, CLR が "0"(電圧=0 [V]) のとき PR, CLR の動作をするが，"1" の入力では，動作をしない．このように，回路が入力 "1" では PR, CLR の動作がなく，"0" で動作するとき **L-アクティブ**という．逆に，入力が "1" で動作し，"0" で動作しないとき **H-アクティブ**という．

PR または CLR がアクティブ (動作状態) のとき，PR または CLR の "0"

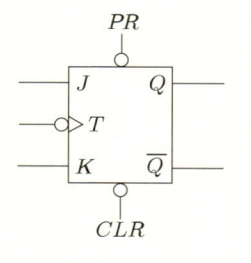

入力					出力		動作状態
PR	CLR	J	K	T	Q	$\overline{Q}$	
1	1	0	0	−	Q	$\overline{Q}$	JK-FF 動作
1	1	0	1	↓	0	1	
1	1	1	0	↓	1	0	
1	1	1	1	↓	$\overline{Q}$	Q	
1	0	−	−	−	0	1	リセット
0	1	−	−	−	1	0	セット
0	0	−	−	−	1	1	不定

(a) 論理記号　　　　　　(b) 状態遷移表

図 5.17　JK-FF の PR と CLR の使用例

値が優先して出力 Q, $\overline{Q}$ を設定する．これを **PR 優先** または **CLR 優先** という．PR または CLR が "0" のときは，出力は J, K, T の値に無関係になるので，状態遷移表には冗長値 "−" をつけて示す．$PR = CLR = 1$ ではアクティブでないので，出力 Q, $\overline{Q}$ は J, K の値により遷移する．$PR = CLR = 0$ と設定されると出力は強制的に $Q = 1$, $\overline{Q} = 1$ の不定状態となり特別な用途になる．フリップフロップが開放状態のときは雑音が混入する可能性があるが，PR または CLR を L−アクティブにセットすることにより雑音混入を避けることができる．

演習問題

5.1 つぎの NOR 型 RS-FF のタイミングチャートを求めなさい．

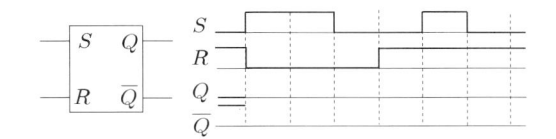

図 5.18

5.2 フリップフロップとラッチの違いを簡単に述べなさい．

5.3 図 5.19 (a) の回路についてつぎの問いに答えなさい．
  (1) 出力 Q, $\overline{P}$ の最初の状態 Q^t, $\overline{P^t}$, つぎの状態を Q^{t+1}, $\overline{P^{t+1}}$ として，Q^{t+1} を S, P^t で，$\overline{P^{t+1}}$ を R, Q^t で表しなさい．
  (2) この論理式より，入力 S, R, 出力 Q, P の状態遷移表を求めなさい．
  (3) この状態遷移表より，(b) のタイミングチャートを完成させなさい．

S	0	1	0	1	1
R	0	0	1	1	0
Q	0				
$\overline{P}$	1				

(a) 論理回路　　　(b) タイミングチャート

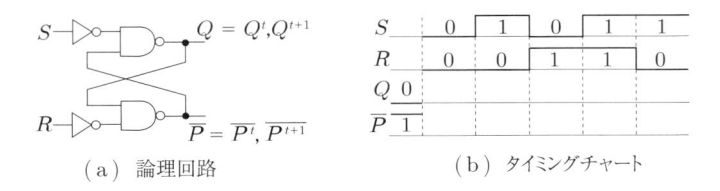

図 5.19

5.4 つぎの入力に対する出力 Q^{t+1} の状態遷移表を求めなさい．
  (1) JK-FF の入力： T, J, K, Q^t
  (2) D-FF の入力 ： D, Q^t

(3) T-FF の入力 ： $T,\ Q^t$

5.5 前問で求めた JK-FF, D-FF, T-FF の状態遷移表より, つぎの特性方程式を求めなさい.

(1) JK-FF： $Q^{t+1} = TJ\overline{Q^t} + \overline{TK}Q^t$

(2) D-FF ： $Q^{t+1} = D$

(3) T-FF ： $Q^{t+1} = T\overline{Q^t} + \overline{T}Q^t$

5.6 図 5.20 (a) の D-FF 回路の入力 $CP,\ D$ に対する中間状態 $U,\ V$, 出力 $Q,\ \overline{Q}$ の状態遷移表とタイミングチャートを求めなさい.

(a) 論理回路　　　　　　　(b) タイミングチャート

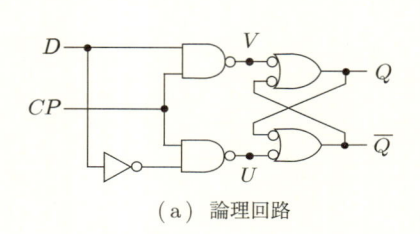

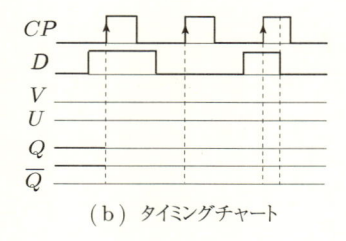

図 5.20

5.7 図 5.21 (a) の JK-FF のタイミングチャートを完成させなさい.

(a) 論理記号　　　　　　　(b) タイミングチャート

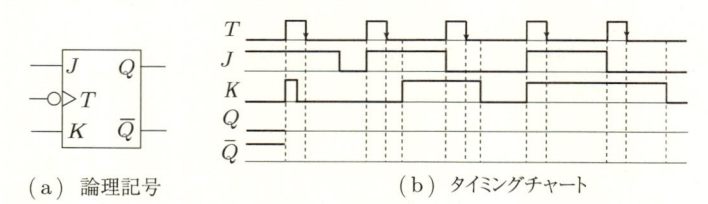

図 5.21

5.8 図 5.22 は RST-FF に AND を介して $Q,\ \overline{Q}$ を入力した回路である.

(1) $J,\ K,\ CP$ に対する $Q,\ \overline{Q}$ の状態遷移表を求めなさい.

(2) この回路は, どのようなフリップフロップか.

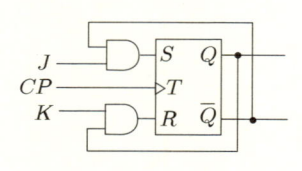

図 5.22

第6章

カウンタ

カウンタ (counter) は，入力された信号の個数を数えて記憶する回路で，フリップフロップ回路で構成され，**非同期式** (asynchronous) と**同期式** (synchronous) に大別される．本章では，非同期式，同期式カウンタ回路の構成，動作と設計法について解説する．

6.1 カウンタの基本動作

4, 8, 16 進など $N=2^n$ 進カウンタは，とくに **2 進数カウンタ** (binary counter) ともよばれ，n 個のフリップフロップ回路で構成されるもっとも基本的なカウンタである．ここでは，このカウンタの基本回路と動作を説明する．

6.1.1 非同期式カウンタの基本回路とその動作

非同期式 2 進数カウンタの基本回路は，フリップフロップ回路の出力を順次次段フリップフロップ回路のクロック端子に入力して構成される．図 6.1 (a) にネガティブエッジトリガ型 T-FF の 3 段構成による $2^3=8$ 進カウンタ回路，(b) にタイミングチャートを示す．

(b) のクロックパルス CP を初段の T-FF の T_0 端子に入力すると，出力 Q_0 は CP の立ち下がりで反転し，次段の T_1 に入力される．順次同様な動作を繰り返すので，(b) に示す出力 Q_0, Q_1, Q_2 が得られる．各 CP 立ち下がり直前の出力を 2 進数 $(Q_2, Q_1, Q_0)_2$ として読み取ると，つぎの 8 個の 2 進数で一巡する．

$$(0,0,0), (0,0,1), (0,1,0), (0,1,1), (1,0,0), (1,0,1), (1,1,0), (1,1,1)$$

これは，10 進数 $(N)_{10} = 0 \sim 7$ に対応し，この回路が 8 個のパルスを数える 8 進

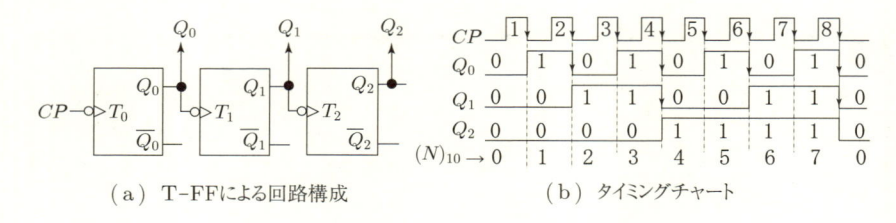

(a) T-FFによる回路構成　　　　**(b) タイミングチャート**

図 6.1　非同期式 8 進アップカウンタの基本回路

カウンタになることがわかる．このカウンタのように，計数が $0, 1, 2, 3, \cdots$ と増加するカウンタを**アップカウンタ** (up counter) または**加算カウンタ**という．また，出力波形がさざ波の広がりに見えることから，**リップルカウンタ** (ripple counter) ともいう．

図 6.2 (a) はポジティブエッジトリガ型の T-FF を用いたカウンタ回路，(b) はそのタイミングチャートを示す．この回路ではパルスの立ち上がりで出力が反転するので，2 進数 $(Q_2, Q_1, Q_0)_2$ は $7, 6, 5, \cdots$ と減少する．このようなカウンタを**ダウンカウンタ** (down counter) または**減算カウンタ**という．

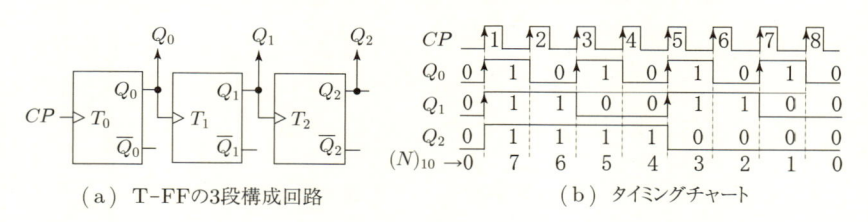

(a) T-FFの3段構成回路　　　　**(b) タイミングチャート**

図 6.2　ポジティブエッジトリガ型 T-FF 構成の非同期式 8 進ダウンカウンタの基本回路

例題 6.1　D-FF を用いて非同期式 8 進ダウンカウンタ回路を構成しなさい．

解答　前章で述べたように，ポジティブエッジトリガ型の T-FF は，D-FF の $\overline{Q}$ を D に接続して構成できる．図 6.2 (a) の T-FF 構成 8 進カウンタをこの D-FF に置き換えると，図 6.3 に示す 8 進カウンタを構成することができる．

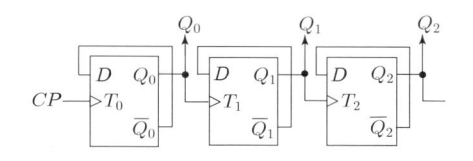

図 6.3 D-FF 構成の 8 進ダウンカウンタ回路

図 6.4 (a) は，ネガティブエッジトリガ型 JK-FF で構成したダウンカウンタを示す．すべて $J = K = 1$ ($V_{CC} = 5$ [V]) で，出力 $\overline{Q}$ は順次次段の JK-FF に入力される．出力は $\overline{Q}$ の立ち下がりで反転するので，Q_2, Q_1, Q_0 は (b) に示すタイミングチャートになる．(Q_2, Q_1, Q_0) を 10 進数に変換すると $(N)_{10} = 7, 6, 5, \cdots$ となり，ダウンカウンタの動作をする．

(a) 回路構成　　　　　　　(b) タイミングチャート

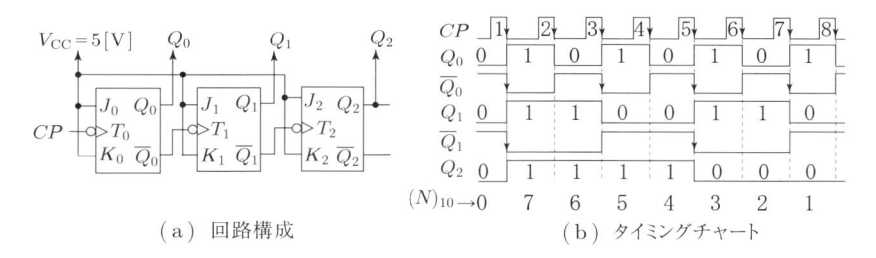

図 6.4 ネガティブエッジトリガ型 JK-FF 構成のダウンカウンタ

例題 6.2 図 6.5 (a) の非同期式 8 進カウンタに AND ゲートを追加した回路へ (b) のクロックパルス CP とゲートパルス GP を入力したとき，T_0, Q_0, Q_1, Q_2 のタイミングチャートを求めなさい．

(a) 回路構成　　　　　　　(b) タイミングチャート

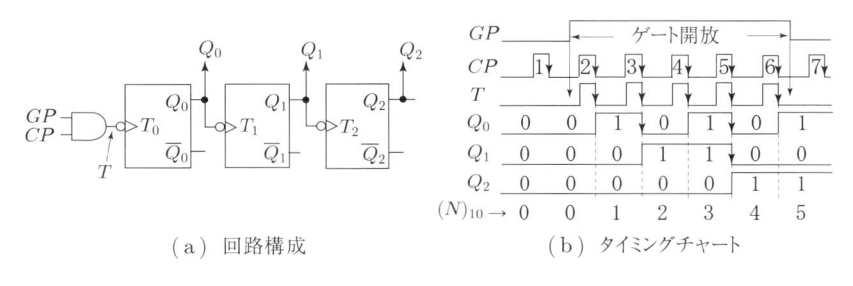

図 6.5 ゲート回路つきカウンタ

解答 ANDゲートの出力は $T = CP \cdot GP$ で，GP と CP がともに "1" のときのみ $T = 1$ となる．したがって，ゲート開放時の5個の CP が T_0 に入力され，(Q_2, Q_1, Q_0) の出力は5個のパルスを計測する．

このようにカウンタにANDゲートをつけて用いると，クロックパルスの個数よりゲートの時間幅を計測することができる．

6.1.2 非同期式カウンタの伝搬遅延時間

ゲート回路やフリップフロップ回路の入力と出力の間には，ある微少な伝搬遅延時間が生じる．この遅延時間は，回路により異なるが，数 [ns]〜30 [ns] 程度である．たとえば，フリップフロップ回路に使用されるICの74LS74では11 [ns]，SN7476では30 [ns] 程度である．

T-FFの入出力パルス間の伝搬遅延時間を τ として，図6.6に8進カウンタの出力 (Q_0, Q_1, Q_2) の遅延時間を示した．3個のT-FFでは，全体で $3 \times \tau$ の遅れが生じることがわかる．n 個のフリップフロップ回路を用いたカウンタでは，全体の遅延時間を T_d とすると，$T_d = n \times \tau$ となる．いま，10進数10桁のカウンタを考えると，$10^{10} \approx 1073741824 = 2^{30}$ なので，30個のフリップフロップが必要になる．このカウンタを30個のSN7476で構成すると，遅延時間 $T_d = 30 \cdot 30$ [ns] $= 900$ [ns]〜1 [μs] となる．このカウンタでは，クロックパルスとクロックパルスの時間間隔が1 [μs] 以上必要になり，高速処理用のカウンタには適さないことがわかる．

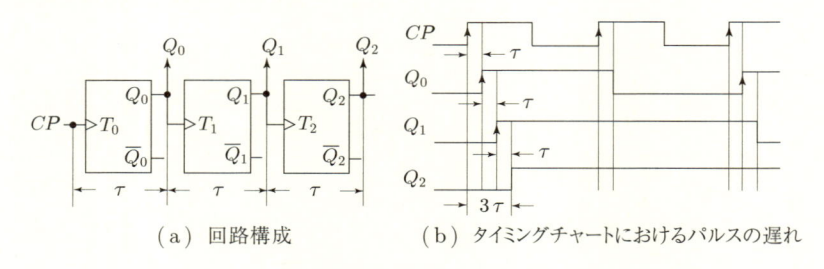

（a）回路構成　　（b）タイミングチャートにおけるパルスの遅れ

図 6.6 伝搬遅延時間を考慮した非同期式カウンタ

6.1.3 同期式カウンタの基本動作

2^n 進の**同期式カウンタ**は，基本回路として，クロックパルス CP を n 個のフリップフロップ回路のクロック端子に並列 (同時) に入力する方式で構成される．各出力は CP に同期して出力されるので，伝搬遅延時間はフリップフロップ 1 個の遅延時間のみとなり，非同期式カウンタのような遅延時間の問題は起こらない．このカウンタでは，CP がクロック端子に並列入力されるので，**並列カウンタ** (parallel counter) ともよばれる．

JK-FF 3 段構成の同期式 8 進カウンタの回路を図 6.7 (a) に，タイミングチャートを (b) に示す．ここで，JK-FF の入力・出力間の遅延時間を τ とし，AND ゲートの遅延時間は無視した．

(a) では，$J_0 = K_0 = 1$，$J_1 = K_1 = Q_0$，$J_2 = K_2 = Q_0 Q_1$ にセットされている．この J，K より，Q_0 は CP の立ち下がりで遅延時間 τ 遅れて反転する．出力 Q_1 は CP 2，4，6，8 の立ち下がりで，出力 Q_2 は CP 4，8 の立ち下がりで τ 遅れて反転し，(b) に示すタイミングチャートが得られる．このように，同期式カウンタでは，カウンタ全体の遅延時間は τ だけで使用 JK-FF の個数によらない．

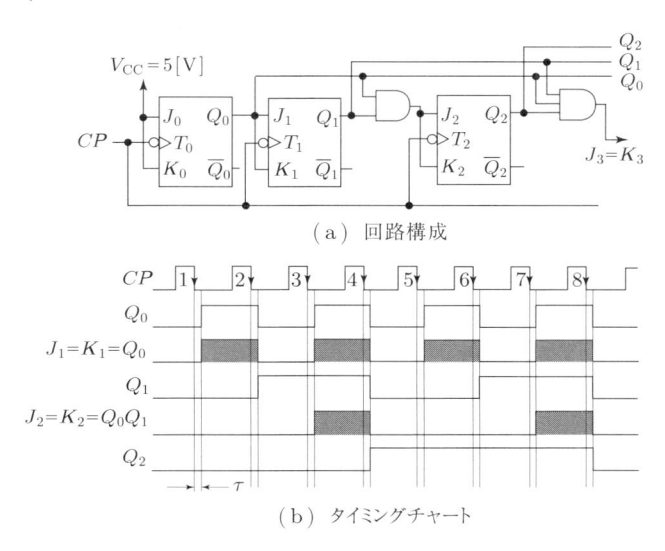

図 6.7 同期式 8 進カウンタ

6.2 N 進カウンタの設計

時計の 1 分を秒で表示する 60 進カウンタなどを設計するには，2 進以外の任意の数の N 進カウンタが必要になる．非同期式の N 進カウンタでは，クロックパルス CP を初段フリップフロップの T_0 端子のみに入力し，同期式カウンタでは CP を各段のフリップフロップの T 端子に並列入力する．これを回路の基本形として，N 進カウンタの回路設計について解説する．主に JK-FF を用いる．

6.2.1 非同期式 N 進カウンタの設計

任意の N 進カウンタの設計法には，カウント N を検出し，その信号 (デコード信号) を全フリップフロップ回路の CLR に与えて強制的にリセットする**強制リセット法**と入力 J, K を操作する**修正法**がある．JK 修正法は，後述するひげパルスが発生しない利点がある．

(1) 強制リセット法

強制リセット法は，カウント N のデコード信号をフリップフロップ回路の CLR に入力して全出力を強制的にリセットするので，回路は比較的簡単に設計できる．ここでは，6 進カウンタを例にとって解説する．

$2^2 < N = 6 < 2^3$ なので，6 進カウンタは，3 個のフリップフロップ回路を必要とする．表 6.1 は，出力 (Q_2, Q_1, Q_0) と 10 進数 N との対応を示した．N が $1, 2, 3, \cdots$ と順次進むと，最初に出力 $Q_2 = 1$, $Q_1 = 1$ を検出し，$N = 6$ (表の矢印の行) になる．この瞬間に $Q_2 = 1$, $Q_1 = 1$ の信号をすべての JK-FF の CLR に入力し，出力を同時に "0" にクリアすると，6 進カウンタになる．

表 6.1 $N = 6$ のデコード

N	Q_2	Q_1	Q_0	
0	0	0	0	
1	0	0	1	
2	0	1	0	
3	0	1	1	
4	1	0	0	
5	1	0	1	
6	1	1	0	← $N = 6$

図 6.8 (a) に，JK-FF 構成の $2^3 = 8$ 進カウンタに $N = 6$ のデコード回路をつけた回路を示す．CLR は L–アクティブなので，デコード回路の出力を $D = \overline{Q_2 Q_1}$ とし，通常 $D = 1$ にセットする．$N = 6$ の $Q_1 = Q_2 = 1$ の瞬間では，$D = \overline{Q_1 Q_2} = 0$ が CLR に入力され，すべての Q は "0" にリセットされ，回路は 6 進カウンタの動作をする．(b) にそのタイミングチャートを示す．図に示すように，$N = 6$ の時点で Q_1 には瞬間的にひげパルス (網目) が発生する．このひげパルスを**ハザード** (hazard) といい，雑音のもとになるので注意が必要である．

（a）JK-FF 構成回路 （b）タイミングチャート

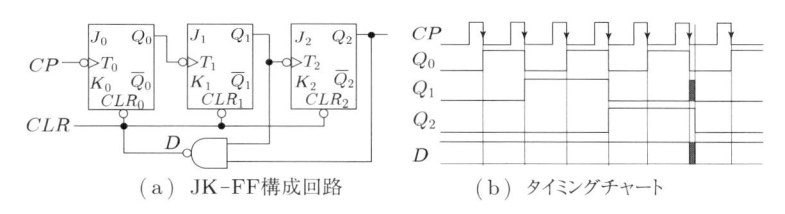

図 6.8 強制リセット法による非同期式 6 進カウンタ

(2) JK 修正法

JK 修正法は，J，K の操作により任意の N 進カウンタを設計する方法で，そのカウンタのタイミングチャートより J，K の関数形を求め回路化する．ここでは，JK-FF 構成の 6 進カウンタを例にとって解説する．

6 進カウンタのタイミングチャートを図 6.9 (a) に示す．カウンタの計数は 1 カウントずつシフトするので，初段の JK-FF では $J_0 = K_0 = 1$ とし，その出力は $Q_0 = 0, 1, 0, 1, \cdots$ と繰り返し反転してよい．このことを考慮して，つぎの手順で設計する．

（a）タイミングチャート （b）JK-FF 構成回路

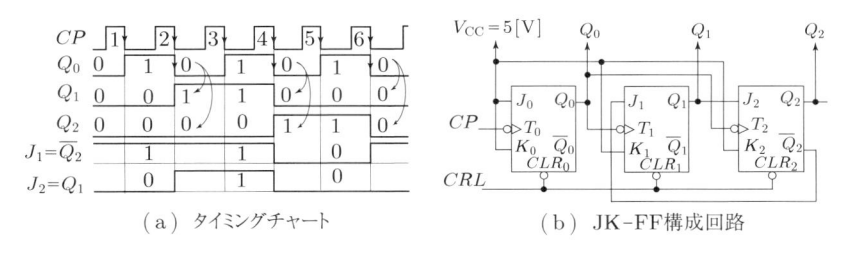

図 6.9 修正法による非同期式 6 進カウンタ回路

(i) 6進カウンタの出力 Q_0, Q_1, Q_2 のタイミングチャートを描き, 出力 Q_1, Q_2 のトリガパルスを決める. この例では, 矢印で示してある Q_0 をトリガパルスとしてよいので, Q_0 を T_1, T_2 に接続する.

(ii) 出力 Q_1, Q_2 のタイミングチャートを満足する J, K の値をタイミングチャートに描く. 図 6.9 (a) より出力 Q_1, Q_2 のタイミングチャートを満たす J, K の条件は, 反転 ($J = K = 1$) とリセット ($J = 0$, $K = 1$) で充分なので, すべて $K = 1$ とセットし, J_1, J_2 のタイミングチャートを示すだけでよい. この Q_1, Q_2 を満たす J_1, J_2 を (a) に示す.

(iii) (a) より, この J_0, J_1, J_2 を満たす Q の値を求める. ここでは,

$$J_0 = 1, \quad J_1 = \overline{Q_2}, \quad J_2 = Q_1 \quad (K_0 = K_1 = K_2 = 1)$$

と求められる. J_1, J_2 を回路化しカウンタ基本回路に付加すると (b) の回路が構成できる.

6.2.2 同期式 N 進カウンタの設計

同期式カウンタの基本回路は, カウンタパルス CP をトリガパルスとして各段のフリップフロップ回路の T 端子に入力する方式である. 非同期式に比べて伝搬遅延時間が少なく高速で動作し, ハザードも発生しないので, 一般に広く使われている. この設計法にもいろいろな方法があるが, ここでは, JK 修正法, 状態遷移表による方法, および N–1 デコード法による設計について解説する.

(1) JK 修正法

非同期式の場合と同様に, まず, 設計するカウンタのタイミングチャートを作成し, このタイミングチャートを満たす J, K の条件を求めてカウンタを回路化する. ここでは, 5 進アップカウンタを例にとり説明する.

5 進アップカウンタには 3 個の JK-FF が必要である. この JK-FF の出力を Q_0, Q_1, Q_2 とすると, この 5 進アップカウンタのタイミングチャートは図 6.10 のように示される. 同期式カウンタなので, クロックパルス CP は各 JK-FF の T 端子に入力され, トリガパルスとして動作する. この Q_0, Q_1, Q_2 のタイミングチャートを満たす J_0, K_0, J_1, K_1, J_2, K_2 の条件を反転, 保持, およびリセットを用いて求めると図に示すように,

図 6.10 5進アップカウンタのタイミングチャート

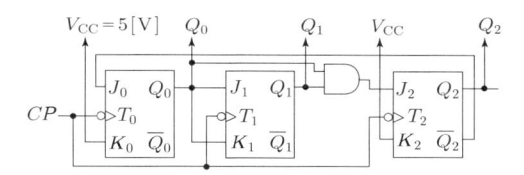

図 6.11 同期式5進アップカウンタ回路

$$J_0 = \overline{Q}_2,\ K_0 = 1;\quad J_1 = Q_0,\ K_1 = Q_0;\quad J_2 = Q_1 Q_0,\ K_2 = 1$$

と与えられる．これを回路化し同期式基本カウンタ回路に付加すると，図6.11の回路が構成できる．

(2) 状態遷移表による方法

状態遷移表による方法は，J，KのQの値を真理値表より求める方法で，より一般的な方法である．ここでは，JK-FF3段構成の同期式6進カウンタを例として解説する．

表6.2は，JK-FFの真理値表を示す．いま，トリガパルスTの立ち下がりで，現在の出力状態Q^tからつぎの状態Q^{t+1}に遷移したとする．真理値表より，$Q^t \to Q^{t+1} = 0 \to 0$の遷移では，$J$，$K$の条件は$J = K = 0$（保持），または，$J = 0$，$K = 1$（リセット）である．ここで$K$は "0" でも "1" でもよい

表 6.2 JK-FFの真理値表

入力			出力	
J	K	T	Q^{t+1}	$\overline{Q^{t+1}}$
0	0		Q^t	$\overline{Q^t}$
0	1	↴	0	1
1	0		1	0
1	1		$\overline{Q^t}$	Q^t

表 6.3 状態遷移に対する JK-FF の条件

状態遷移 $Q^t \rightarrow Q^{t+1}$	J	K	状態動作
$0 \rightarrow 0$	0	-	保持/リセット
$0 \rightarrow 1$	1	-	反転/セット
$1 \rightarrow 0$	-	1	反転/リセット
$1 \rightarrow 1$	-	0	保持/セット

ので,この J, K の条件は,K を冗長入力 "–" として $J = 0, K = -$ と表すことができる.

同様に,他の遷移に対しても J, K の条件を求めることができる.表 6.3 は,すべての状態遷移に対する J, K の条件を示す.

表 6.3 より,6 進カウンタの出力状態遷移に対する J, K の条件は,表 6.4 のように与えられる.この表で,最初のカウント $N = 0$ で $(Q_2, Q_1, Q_0)^t = (0, 0, 0) \rightarrow (Q_2, Q_1, Q_0)^{t+1} = (0, 0, 1)$ の状態に遷移する.同様に,つぎのカウント $N = 1$ でも $(0, 0, 1) \rightarrow (0, 1, 0)$ に遷移する.6 進カウンタの最後のカウント $N = 5$ では $(1, 0, 1) \rightarrow (0, 0, 0)$ の遷移となる.それ以後は,不要なので冗長入力 "–" となる.

表 6.4 の J, K の条件は,各段の JK-FF の出力 Q に対して求める.$N = 0$ のときの初段の JK-FF では $Q_0^t = 0 \rightarrow Q_0^{t+1} = 1$ と遷移するので,表 6.3 より $J_0 = 1, K_0 = -$ と求められる.同様に他の遷移に対しても,J, K の条件を求めることができる.

遷移表 6.4 より,作成したカルノー図を図 6.12 (a) に示す.ここで,縦横軸の変数には現在の状態 $Q^t (= (Q_2^t, Q_1^t, Q_0^t))$ を用いる.J, K を求めると,

表 6.4 6 進カウンタの出力状態遷移表

N	現在の状態 $(Q_2\ Q_1\ Q_0)^t$	つぎの状態 $(Q_2\ Q_1\ Q_0)^{t+1}$	$J_2\ K_2$	$J_1\ K_1$	$J_0\ K_0$
0	0 0 0	0 0 1	0 -	0 -	1 -
1	0 0 1	0 1 0	0 -	1 -	- 1
2	0 1 0	0 1 1	0 -	- 0	1 -
3	0 1 1	1 0 0	1 -	- 1	- 1
4	1 0 0	1 0 1	- 0	0 -	1 -
5	1 0 1	0 0 0	- 1	0 -	- 1
...	...	...	- -	- -	- -

6.2 N進カウンタの設計

(a) カルノー図

$Q_2 \backslash Q_1Q_0$	00	01	11	10
0	0	0	1	0
1	–	–	–	–

$J_2 = Q_1 Q_0$

$Q_2 \backslash Q_1Q_0$	00	01	11	10
0	0	1	–	–
1	0	0	–	–

$J_1 = Q_0 \overline{Q}_2$

$Q_2 \backslash Q_1Q_0$	00	01	11	10
0	1	–	–	1
1	1	–	–	–

$J_0 = 1$

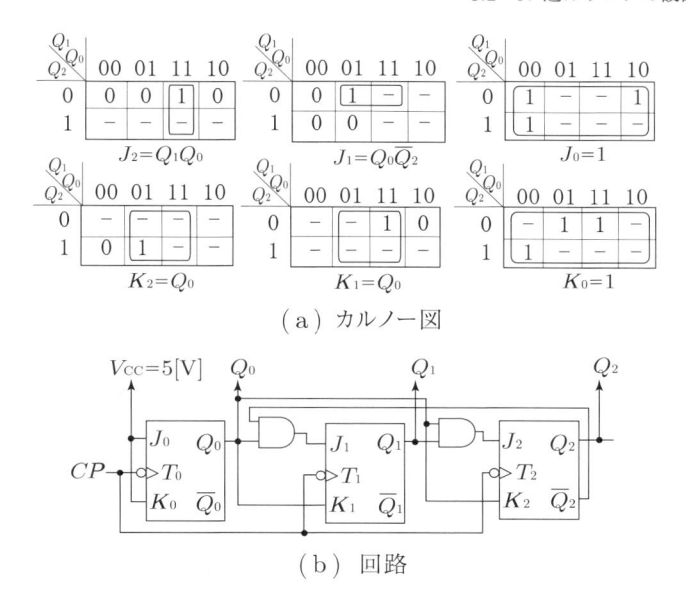

$Q_2 \backslash Q_1Q_0$	00	01	11	10
0	–	–	–	–
1	0	1	–	–

$K_2 = Q_0$

$Q_2 \backslash Q_1Q_0$	00	01	11	10
0	–	–	1	0
1	–	–	–	–

$K_1 = Q_0$

$Q_2 \backslash Q_1Q_0$	00	01	11	10
0	–	1	1	–
1	–	–	–	–

$K_0 = 1$

(b) 回路

図 6.12 同期式6進カウンタ回路

$$J_2 = Q_1 Q_0, \ K_2 = Q_0, \ J_1 = Q_0 \overline{Q}_2, \ K_1 = Q_0, \ J_0 = 1, \ K_0 = 1$$

が得られる．このJ, Kの論理式を回路化して同期式基本カウンタ回路に組み入れると，(b) に示す同期式6進カウンタ回路が得られる．

例題 6.3 状態遷移表による方法を用いて同期式5進カウンタを設計しなさい．

解答 5進カウンタの状態遷移表は，表6.5で与えられる．この表より，カルノー図を用いてJ_2, K_2, J_1, K_1, J_0, K_0を求めると，

$$J_0 = \overline{Q}_2, \ K_0 = 1; \quad J_1 = K_1 = Q_0; \quad J_2 = Q_1 Q_0, \ K_2 = 1$$

が得られ，回路化すると，図6.11と同じ5進カウンタ回路が得られる．

表 6.5 5進カウンタの状態遷移表

N	現在の状態 $(Q_2\ Q_1\ Q_0)^t$	つぎの状態 $(Q_2\ Q_1\ Q_0)^{t+1}$	$J_2\ K_2$	$J_1\ K_1$	$J_0\ K_0$
0	0 0 0	0 0 1	0 -	0 -	1 -
1	0 0 1	0 1 0	0 -	1 -	- 1
2	0 1 0	0 1 1	0 -	- 0	1 -
3	0 1 1	1 0 0	1 -	- 1	- 1
4	1 0 0	0 0 0	- 1	0 -	0 -
...	...	...	- -	- -	- -

(3) N–1 デコード法

N–1 デコード法は，2^n 進カウンタを基本回路とし N–1 をデコード (検出) して，つぎのカウントで JK-FF の全出力 Q を "0" にする方法で，Q を CLR で "0" にせず，J, K を操作して Q を "0" にする．6 進カウンタを例とし図 6.13 (a) に状態遷移表，(b) に回路を示す．

カウンタ回路の初段 JK-FF の出力は，常に反転するので，$J_0 = K_0 = 1$ と設定できる．2^n 進カウンタは $J_1 = K_1 = Q_0$，$J_2 = K_2 = Q_0 Q_1$ で進行する．N–1 = 5 は，$Q_2 = Q_0 = 1$ のみで検出され ($Q_1 = 0$ 不要)，$D = \overline{Q_2 Q_0}$ でデコード信号が得られる．この出力 D を挿入した網目のゲートに入力すると，N–1 = 5 で $J_2 = K_2 = 1$ (反転)，$J_1 = K_1 = 0$ (保持) に設定され，つぎのカウントで全出力は $Q_0 = Q_1 = Q_2 = 0$ にリセットされ，6 進カウンタ回路が構成できる．

カウント	$Q_2\ Q_1\ Q_0$	
5	1 0 1	← N–1
0	0 0 0	

(a) 状態遷移

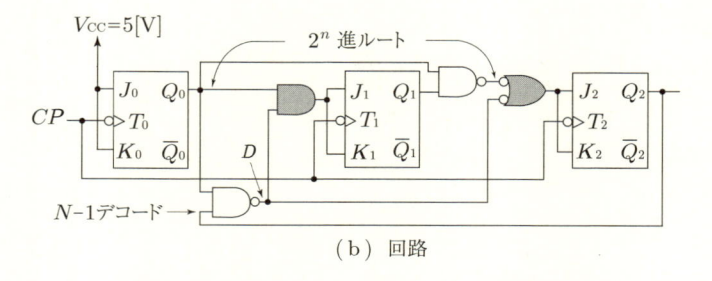

(b) 回路

図 6.13 N–1 デコード法による 6 進カウンタ

例題 6.4 同期式 2 進カウンタと 5 進カウンタ (図 6.11) を組み合わせて 10 進カウンタを設計しなさい.

解答 2 進カウンタの出力 Q は, 2 個のクロックパルス CP で 1 個のパルスを形成するので, この Q を直接または, CP と Q の AND 出力を 5 進カウンタの T 端子へ入力すると, $2 \times 5 = 10$ 進カウンタが構成できる. 図 6.14 に CP と Q の AND 出力を 5 進カウンタの T 端子に入力した 10 進カウンタ回路を示す.

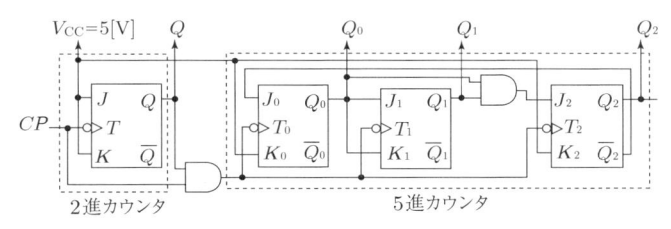

図 6.14 同期式 10 進カウンタ回路

6.3 その他のカウンタ

ここでは, 特殊機能をもつカウンタについて解説する.

6.3.1 リングカウンタ

リングカウンタ (ring counter) は, N 進カウンタを N 個のフリップフロップ回路で構成する同期式カウンタの一種である. 次章で説明するシフトレジスタのカウンタとしても用いられので, **シフトレジスタ型カウンタ**ともいう.

図 6.15 には, 5 段の JK-FF で構成したリングカウンタ回路とタイミングチャートを示した. リングカウンタは, 各段の JK-FF の Q, $\overline{Q}$ は次段の J, K に入力され, 最終段の出力 Q と $\overline{Q}$ は, それぞれ初段の J_0 と K_0 に入力される. イニシャルパルス IP は, 初段 JK-FF の PR に, 他の JK-FF では CLR に L–アクティブとして接続する.

最初, すべての出力を $Q = 0$, $\overline{Q} = 1$ のリセット状態にすると, すべての J, K は $J = 0, K = 1$ になり, クロックパルス CP を入力しても動作しない. IP

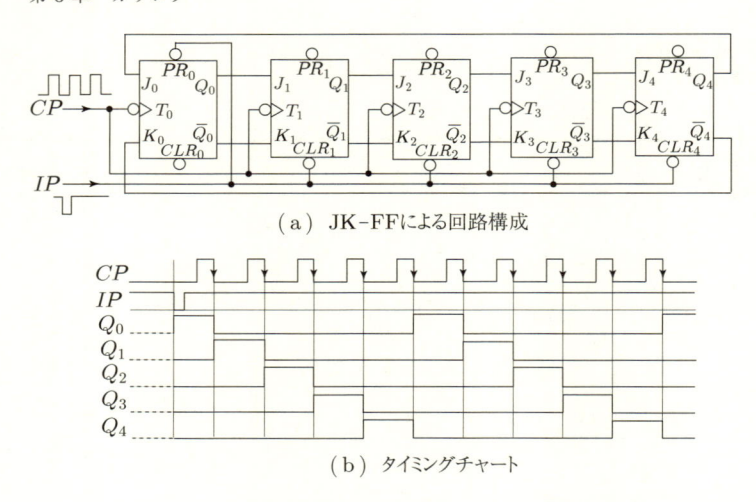

図 6.15 5進リングカウンタ回路

(a) JK-FFによる回路構成

(b) タイミングチャート

が入力されると，初段の JK-FF はプリセットされ出力は $Q_0 = 1$, $\overline{Q}_0 = 0$ となり，次段 JK-FF は $J_1 = 1$，$K_1 = 0$ にセットされ，他はすべて $J = 0$，$K = 1$ のリセットのままである．最初の CP の立ち下がりでは，$Q_1 = 1$，他はすべて $Q = 0$ となる．同様に，つぎの CP の立ち下がりでは出力は $Q_2 = 1$ となり，順次右にシフトしていく．最終段の出力 Q が "1" になると，つぎの CP で初段の JK-FF に戻り，同様な動作を繰り返すので，リングカウンタとよばれる．

N 個の JK-FF 構成のリングカウンタの出力は，N 個のクロックパルスで一順するので，N 進カウンタとして利用できる．このカウンタは特別なデコーダを必要としない利点がある．

6.3.2 ジョンソンカウンタ

ジョンソンカウンタ (Johnson counter) は，$2N$ 進カウンタを N 個のフリップフロップ回路で構成するシフトレジスタ型のカウンタの1種である．回路はリングカウンタとは逆に，最終段の JK-FF の出力 Q を初段の K，$\overline{Q}$ を J に接続したカウンタであるので，**ツィストカウンタ** (twist counter) ともいう．図 6.16 に，JK-FF4段構成のジョンソンカウンタの回路とタイミングチャートを示す．

各段の JK-FF の Q，$\overline{Q}$ は，順次つぎの段の J，K に接続され，最終段の $\overline{Q}$

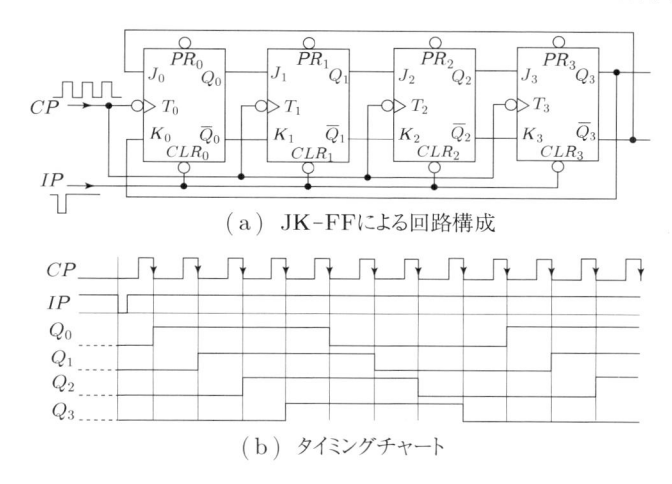

図 6.16 8 進ジョンソンカウンタ回路

となり，4 個の CP を読み込むまで $Q_0 = 1$ となる．5 個目の CP を読み込むと $Q_0 = 0$ となる．Q_1 は第 2 より第 5 CP まで $Q_1 = 1$，第 6 より第 9 CP まで $Q_1 = 0$ となる．同様に，出力 Q_2 の動作も求めることができ，(b) に示すタイミングチャートが得られる．

N 個の JK-FF 構成のカウンタは，$2 \times N$ 個のカウントパルスで全出力 Q が一順するので，$2N$ 進カウンタを構成することができる．しかし，タイミングチャートの Q を直接カウント数に対応させることができないので，出力 Q をカウント数に対応させるデコード回路が必要になる．このデコード回路の設計については，第 8 章で解説する．

演習問題

6.1 非同期式 16 進のアップカウンタ回路とダウンカウンタ回路を JK-FF と D-FF を用いて構成しなさい．

6.2 図 6.17 の JK-FF 構成の同期式 8 進カウンタ回路に JK-FF を追加して，16 進カウンタを設計しなさい．

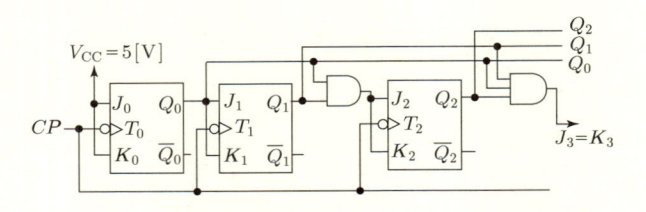

図 6.17 JK-FF 構成の同期式 8 進カウンタ回路

6.3 同期式 4 進カウンタを状態遷移表による方法で設計し，2^n 進カウンタ回路と比較しなさい．

6.4 JK-FF を用いて，同期式 3 進カウンタ回路をつぎの方法で設計しなさい．
  (1) JK 修正法
  (2) 状態遷移表による方法
  (3) $N\text{--}1$ デコード法

6.5 JK-FF を用いて，同期式 10 進カウンタ回路を状態遷移表による方法で求めなさい．

第7章

シフトレジスタ

　レジスタ (register) は，記録，登録の意味で，コンピュータやディジタル機器の演算結果である2進数データを一時的に記録，記憶する回路である．シフトレジスタ (shift register) は，このレジスタ回路に，一時的に記憶されたデータを右または左に移動するシフト (shift) 機能を付加し，一体化した回路である．ここでは，シフトレジスタの基本回路と動作，およびデータの直列–並列変換シフトレジスタ，並列–直列変換シフトレジスタ等について解説する．

7.1　シフトレジスタの基本動作

　2進数 n ビットデータのシフトレジスタは，n 個のフリップフロップ回路を接続して構成される．入力パルスには，n ビットの**データパルス** (data pulse) D とデータをシフト (移動) する**シフトパルス** (shift pulse) SP の2種類がある．

　図7.1 (a) は JK-FF の3段構成のシフトレジスタの基本回路を示す．3ビットの入力データ D, $\overline{D}$ をそれぞれ初段 JK-FF の J_0, K_0 に入力し，その出力を次段の JK-FF の J_1, K_1 に $J_1 = Q_0$, $K_1 = \overline{Q}_0$ として順次入力する．シフトパルス SP は，各 JK-FF の T 端子に入力データと時間的に並列に入力する．

　(b) にタイミングチャートを示す．(a) の回路より，最初にクリアパルス CLR で全 JK-FF の出力をリセット ($Q = 0$, $\overline{Q} = 1$) すると，すべての J, K は $J = Q = 0$, $K = \overline{Q} = 1$ に設定される．その後，3個のシフトパルス SP と入力データ $D = (D_2, D_1, D_0) = (1, 0, 0)$ を順次入力する．最初のビット $D_2 = 1$ が入力されると，初段 JK-FF は $(J_0, K_0) = (1, 0)$ となり，第1 SP の立ち下がりで出力は $(Q_0, \overline{Q}_0) = (J_1, K_1) = (1, 0)$ となる．2, 3段の JK-FF の出力は，そのままで変化しない．つぎのビット $D_1 = 0$ が入力されると，第2 SP

(a) 基本回路構成

(b) タイミングチャート

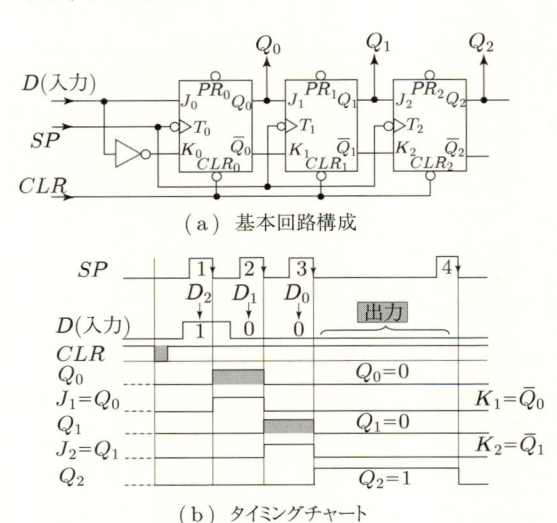

図 7.1 シフトレジスタの基本動作

の立ち下がりで $(Q_0, \overline{Q}_0) = (J_0, K_0) = (0, 1)$, $(Q_1, \overline{Q}_1) = (J_1, K_1) = (1, 0)$, $(Q_2, \overline{Q}_2) = (J_2, K_2) = (0, 1)$ と設定される．最後のビット $D_0 = 0$ の入力に対しても，同様に設定され，(b) のタイミングチャートが得られる．

(b) において，各段の JK-FF の出力 (網掛け部分) はシフトパルス SP の進行に伴い，右方向に一つずつ移動しているので，このレジスタを**ライトシフトレジスタ** (right-shift register) ともよぶ．第 3 SP 後の出力 $(Q_0, Q_1, Q_2) = (0, 0, 1)$ のデータは，つぎのシフトパルス第 4 SP まで保持 (記憶) されるので，シフトレジスタはデータの一時保存の機能をもつことを示す．シフトパルス SP で入力されたデータ D と第 3 SP 後の出力 Q を対比すると，

$$第 1 SP の入力 = D_2 \to Q_2 = 1$$
$$第 2 SP の入力 = D_1 \to Q_1 = 0$$
$$第 3 SP の入力 = D_0 \to Q_0 = 0$$

である．入力データ $D = (1, 0, 0)$ は，

$$D = (D_2, D_1, D_0) = (Q_2, Q_1, Q_0)$$

として記録されることを示す．

7.2 データ形式とシフトレジスタの分類

2進数 n ビット列のデータ形式には，**直列** (series) 型 D_S と**並列** (parallel) 型 D_P がある．直列型データは，n 個のビットを時間的に順次1個ずつ配列するデータ形式をいう．並列型データは，同時に n ビット列のデータを表示する形式をいう．

図 7.2 (a) は，横軸を時間 t として 5 ビット 2 進数データの直列データ $D_S = (Q_4, Q_3, Q_2, Q_1, Q_0) = (1, 0, 0, 1, 1)$ を示す．(b) は，ある時間に同時に全ビットが表示される並列データ $D_P = (Q_4, Q_3, Q_2, Q_1, Q_0) = (1, 0, 0, 1, 1)$ を示す．テープレコーダに記録されるデータは直列型の例で，マイクロコンピュータのメモリに記録されているデータなどは，並列型データの例である．

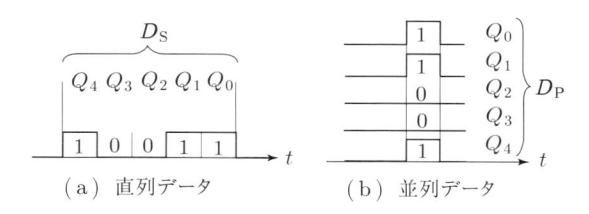

(a) 直列データ　　(b) 並列データ

図 7.2 5 ビット 2 進数のデータ形式

シフトレジスタは，これらの直列または並列データを入力し，直列または並列のいずれかのデータ形式に変換出力することができ，つぎの 4 通りに分類できる．

(1) 直列-直列変換

直列-直列変換のシフトレジスタは，n ビットのデータ入力と出力の間で n 個分のシフトパルス SP の時間差を生じる．このシフトパルス SP をクロックパルスと考えると，この時間差分の遅延回路として使用できる．

(2) 直列-並列変換

直列-並列変換のシフトレジスタは，直列データ読み込みの後に，SP 入力を中止し，各フリップフロップ回路の出力を同時に読み出すと並列データが得られる．

(3) 並列-直列変換

並列-直列変換のシフトレジスタは，並列データを直列データに変換するの

で，データ伝送に使用できるシフトレジスタである．

(4) 並列–並列変換

並列–並列変換のシフトレジスタは，各フリップフロップ回路のプリセット端子 PR とクリア端子 CLR を使って，並列データを入力して並列データを出力するシフトレジスタである．高速データ処理ができ，並列入力を桁移動した形の並列出力データとして取り出すことができる．

つぎに，広く使われる (2) の直列–並列変換と (3) の並列–直列変換シフトレジスタの基本動作について解説し，最後に，(1)〜(4) の全変換ができる回路を示す．

7.3 直列–並列変換シフトレジスタ

図 7.3 (a) は，5 個の JK-FF を接続して構成した直列–並列変換シフトレジスタの回路を示す．シフトパルス SP は，各 JK-FF の T 端子に入力される．直列データ D は，初段 JK-FF に入力され $J_0 = D$，$K_0 = \overline{D}$ に設定されてい

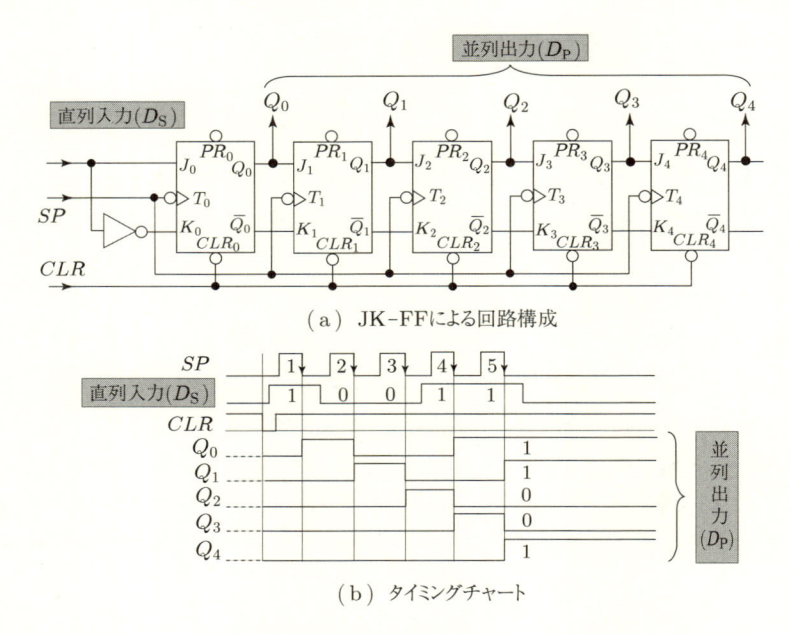

(a) JK-FFによる回路構成

(b) タイミングチャート

図 7.3 直列–並列変換シフトレジスタ

る．各 JK-FF の Q, $\overline{Q}$ は次段の J, K に接続され，$J=Q$, $K=\overline{Q}=\overline{J}$ に設定される．

(b) のタイミングチャートに示すように，直列データ $D_S=(1,0,0,1,1)$，シフトパルス SP とクリアパルス CLR を入力すると，最初に CLR で全出力 $Q=0$ にリセットされる．第 1 SP の立ち下がり直前では $J_0=1$, $K_0=0$ なので，$Q=1$, $\overline{Q}=0$ となり次段の JK-FF に入力される．同様にして，第 2 より第 5 SP のパルス立ち下がりで出力 Q を読みとると (b) が得られる．第 5 SP の後の出力を読み取ると，$(Q_4,Q_3,Q_2,Q_1,Q_0)=(1,0,0,1,1)$ が得られ，直列データ D_S は並列データ $D_P=(1,0,0,1,1)$ に変換されることを示している．

例題 7.1　JK-FF を用いて 2 ビットシフトレジスタを設計しなさい．

解答　2 ビットシフトレジスタは 2 個の JK-FF で構成され，入力データ D_S は初段 JK-FF に入力される．初段 JK-FF に第 1 ビット，次段 JK-FF に第 2 ビットが出力される．これらの現状態の出力を Q_0^t, Q_1^t とする．シフトパルス SP が JK-FF の T 端子に入力されると，そのパルスの立ち下がりでつぎの状態 Q_0^{t+1}, Q_1^{t+1} が出力される．シフトパルスが入力されると，各 JK-FF の出力が 1 ビットずつシフトするので，$D_S \to Q_0^{t+1}$, $Q_0^t \to Q_1^{t+1}$ となる．この状態遷移を入力 D_S，現状態を Q_1^t, Q_0^t，つぎの状態を Q_1^{t+1}, Q_0^{t+1} として表 7.1 に示す．

現在の状態からつぎの状態に遷移するための J, K の条件は，表 6.3 より求めることができ，表 7.1 に示した．

表 7.1　2 ビットシフトレジスタの状態遷移表

D_S	現在の状態		つぎの状態		J, K の条件			
	Q_1^t	Q_0^t	Q_1^{t+1}	Q_0^{t+1}	J_1	K_1	J_0	K_0
0	0	0	0	0	0	-	0	-
1	0	0	0	1	0	-	1	-
0	0	1	1	0	1	-	-	1
1	0	1	1	1	1	-	-	0
0	1	0	0	0	-	1	0	-
1	1	0	0	1	-	1	1	-
0	1	1	1	0	-	0	-	1
1	1	1	1	1	-	0	-	0

(a) カルノー図

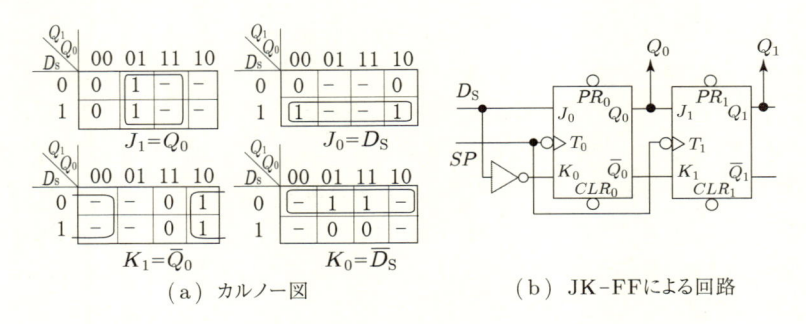

(b) JK-FFによる回路

図 7.4 2ビットシフトレジスタ回路

この表より，図 7.4 (a) のカルノー図を作成し，これを用いて J_1, K_1, J_0, K_0 を求めると

$$J_1 = Q_0, \quad K_1 = \overline{Q}_0, \quad J_0 = D_S, \quad K_0 = \overline{D}_S$$

が得られ，回路化すると (b) の回路が得られる．

7.4 並列-直列変換シフトレジスタ

並列-直列変換シフトレジスタは，並列データの読み込み後シフトパルス SP を入力して直列データを取り出すシフトレジスタである．並列データの入力方法には，プリセット PR 入力による方法とクロック (シフトパルス) に同期して並列データを入力する方法とがあるが，ここではプリセット入力法によるシフトレジスタについて説明する．図 7.5 に (a) JK-FF の 5 段構成の回路図と (b) タイミングチャートを示す．

L-アクティブのクリアパルス CLR で全出力 $Q = 0$ にリセットする．並列データ $D_P = (D_0, D_1, D_2, D_3, D_4)$ は，NAND ゲートを経て各段の JK-FF のプリセット PR に入力される．同時に，NAND ゲートにはゲートパルス G が入力されるので，G が開放 ($G = 1$) のときのみ並列データ D_P が各段の JK-FF の Q にセットされる．初段の JK-FF の J, K は，$J_0 = 0$, $K_0 = 1$, 他の J, K は $J = Q$, $K = \overline{Q}$ と接続されているので，最初のシフトパルス SP の立ち下がりで $(Q_0, Q_1, Q_2, Q_3, Q_4) = (1, 0, 0, 1, 1) \to (0, 1, 1, 0, 0)$ とシフトする．同様に，第 2 から第 5 SP まで出力 Q をシフトすると，(b) のタイミングチャー

7.5 全変換型シフトレジスタ　　105

図 7.5 (a) JK-FFによる回路構成

図 7.5 (b) タイミングチャート

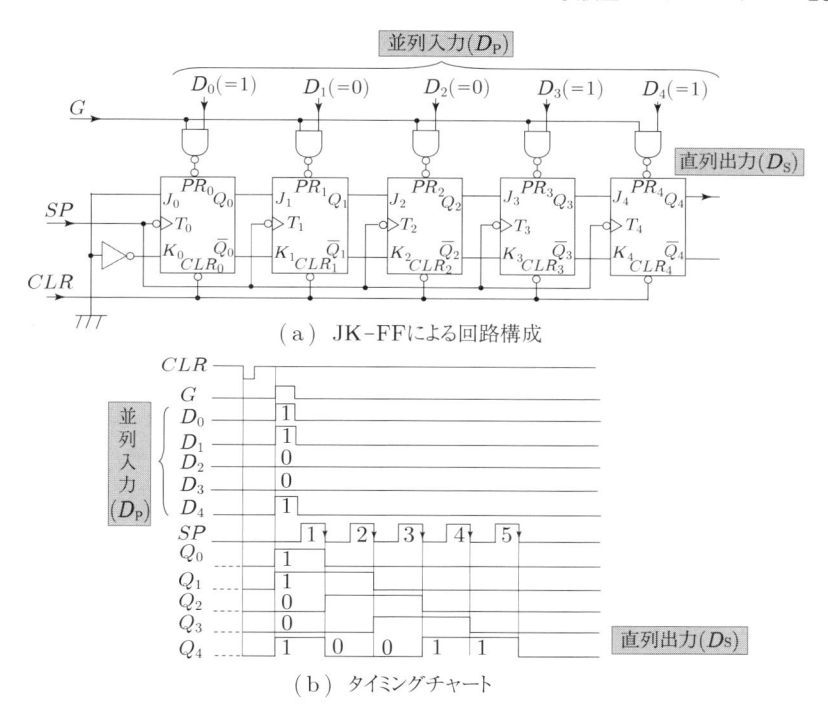

図 7.5 並列-直列変換シフトレジスタ

トに示すような動作をする．ここで，最終段の出力 Q_4 を時間的に順次読み出すと，$(Q_4, Q_3, Q_0, Q_1, Q_0) = (1, 0, 0, 1, 1)$ の直列データとなり，このレジスタはデータの並列 → 直列変換をすることがわかる．

7.5 全変換型シフトレジスタ

すでに述べたように，入出力データの形式により，4種類のシフトレジスタがある．これまで説明したシフトレジスタは，直列-並列変換型と並列-直列変換型シフトレジスタであったが，これらのレジスタを統合して，全入出力データの変換形式を取り扱うシフトレジスタ回路を設計することができる．図 7.6 は，この全変換機能を備えた JK-FF5 段構成のシフトレジスタである．図 7.5 の並列-直列変換型シフトレジスタの回路よりわかるように，並列データ入力のときは初段 JK-FF の J を接地 ($J_0 = 0$) する必要がある．

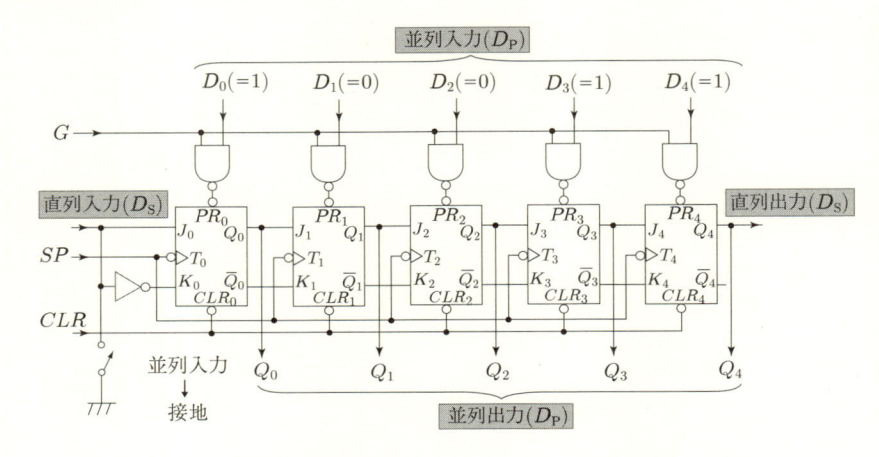

図 7.6 全変換機能を備えたシフトレジスタ回路

演習問題

7.1 レジスタとシフトレジスタの機能を簡単に説明しなさい．

7.2 3ビット直列-並列変換シフトレジスタをD-FFを用いて構成しなさい．

7.3 図7.7(a)は4個のJK-FFで構成した直列-並列変換シフトレジスタである．図に示すようなデータ $D = (1, 1, 0, 1)$ を入力したときのシフトレジスタの動作(タイミングチャート)を示しなさい．ただし，タイミングチャートは8個のシフトパルスまで示しなさい．

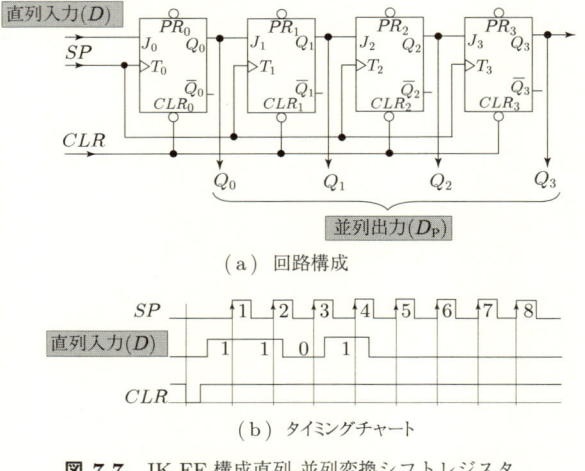

図 7.7 JK-FF構成直列-並列変換シフトレジスタ

7.4 前問の図 7.7 (a) の 4 ビットの直列–並列変換シフトレジスタに 8 ビットのデータ $D = (1, 0, 1, 0, 0, 1, 0, 1)$ を入力した．10 個のシフトパルスまでのタイミングチャートを示しなさい．また，シフトパルスを何個加えると，$(Q_3, Q_2, Q_1, Q_0) = (1, 0, 0, 1)$ の出力が得られるか．

第8章

入出力変換回路

我々が日常使用する10進数演算をコンピュータで実行するには，10進数を演算回路で扱える2進符号に変換して演算する．このように，ある入力を特定の符号に変換 (コード化) する回路を**エンコーダ** (encoder) または**符号器**という．逆に，ある符号入力を解読して，対応する一つのデータに出力する回路を**デコーダ** (decoder) または**解読器**という．ここでは，これらの変換回路について解説する．

8.1 エンコーダ

エンコーダの代表的な例として，10進数をBCDコードに変換する回路がある．BCDコードは10進数1桁を2進数4桁で表示し，ディジタル回路などへの入出力データに近い形式になっている．ここでは，10進→BCDエンコーダの回路設計について解説する．

8.1.1 10進→BCDエンコーダ

10進→BCDエンコーダは，10進数に対応して10個の入力端子があり，その一つを指定すると，それに対応するBCDコードを2進数4桁で出力する回路である．これまで述べてきた真理値表から論理式を求めると10変数の論理式が必要になり，カルノー図による簡単化は取り扱いが複雑困難になる．そこで，これまでと異なる方法で論理式を導くことを示す．

図8.1 (a) は10進→BCDエンコーダのブロック図，(b) は真理値表を示す．真理値表には，出力のBCDコード1桁を2進数4桁 $B = (B_3, B_2, B_1, B_0)$ で表す．10進数 N の入力は2進数10桁 $D = (D_0, D_1, \cdots, D_8, D_9)$ で表し，(a)

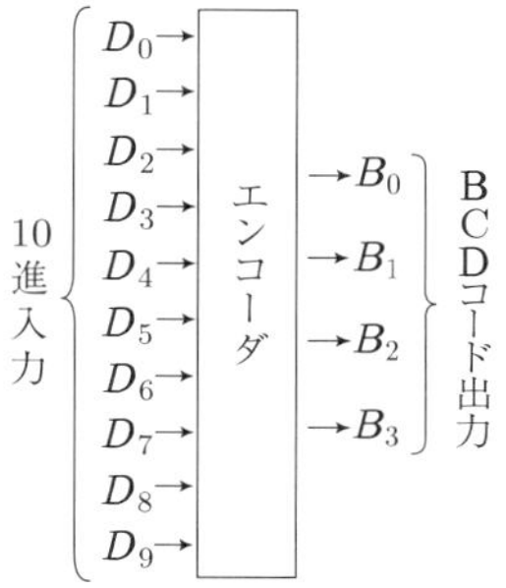

8.1 エンコーダ

図 8.1 10進 → BCD エンコーダ

(a) ブロック図　　(b) 真理値表

の 10 個の入力端子に対応させる．一つの 10 進数を選択するときは，対応する端子には "1" を入力し，他の端子には "0" を入力する．同時に 2 個以上の入力はしないものとする．真理値表で，10 以上の BCD コードは不要になるので冗長入力として "−" で示した．

この真理値表より，たとえば，B_3 の論理式を求めると

$$B_3 = \overline{D_0} \cdot \overline{D_1} \cdot \overline{D_2} \cdot \overline{D_3} \cdot \overline{D_4} \cdot \overline{D_5} \cdot \overline{D_6} \cdot \overline{D_7} \cdot D_8 \cdot \overline{D_9}$$
$$+ \overline{D_0} \cdot \overline{D_1} \cdot \overline{D_2} \cdot \overline{D_3} \cdot \overline{D_4} \cdot \overline{D_5} \cdot \overline{D_6} \cdot \overline{D_7} \cdot \overline{D_8} \cdot D_9 \tag{8.1}$$

となり，この 10 変数の論理式は，このまま簡単化することができない．そこで，今までとは異なった方法で求めることにする．

まず，B_3 を求める．真理値表で $B_3 = 1$ の行には，D_8，D_9 のみが "1" で，他はすべて "0" になっているので，D_8 と D_9 の和は真理値表の B_3 の値を与える．

$$\therefore \quad B_3 = D_8 + D_9 \tag{8.2}$$

同様にして B_2，B_1，B_0 もつぎのように与えられる．

$$B_2 = D_4 + D_5 + D_6 + D_7 \tag{8.3}$$

$$B_1 = D_2 + D_3 + D_6 + D_7 \tag{8.4}$$

$$B_0 = D_1 + D_3 + D_5 + D_7 + D_9 \tag{8.5}$$

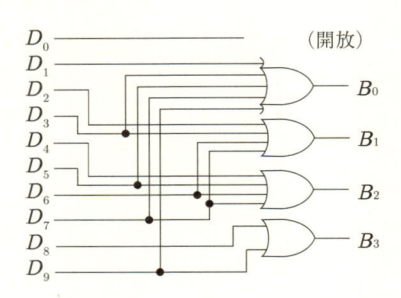

図 8.2 10 進 → BCD エンコーダの回路構成

　この論理式を回路化すると図 8.2 の回路が構成できる．D_0 は B 端子のどこにも接続されず回路は開放になっている．真理値表の 1 行目からわかるように $D_0 = 1$ になっているのが，この値にかかわらず，$D_1 = D_2 = \cdots = D_9 = 0$ にリセットされているので，BCD コードは $N = 0$ の $B = (0, 0, 0, 0)$ になる．この符号が $D_0 = 1$ によるものか，$D_1 = D_2 = \cdots = D_9 = 0$ によるものかを判別できる回路を作ることもできるが，ここでは省略する．

　前述したように，D には複数の "1" が同時に入力されないとしたが，同時に複数個が入力されたときに選択優先順位をつける回路がある．このエンコーダを**プライオリティエンコーダ** (priority encoder) という．

例題 8.1　図 8.3 (a) のエンコーダの真理値表より，カルノー図を用いて B_0, B_1 の論理式を求めなさい．

D_0	D_1	D_2	D_3	$B_1 B_0$
1	0	0	0	0 0
0	1	0	0	1 0
0	0	1	0	0 1
0	0	0	1	1 1

(a) 真理値表　　(b) カルノー図 (B_1)　　(b) カルノー図 (B_0)

図 8.3　2 ビットエンコーダ

解答　図 8.3 (a) の真理値表は 4 変数 $D_0 \sim D_3$ の入力で 16 組の数値配列が

あるが，この表にない数値配列の B_0, B_1 は冗長項である．これを考慮して B_0, B_1 のカルノー図を (b)，(c) に示す．このカルノー図を簡単化して

$$B_0 = D_2 + D_3$$
$$B_1 = D_1 + D_3$$

が得られる．

8.2 デコーダ

デコーダは，エンコーダとは逆にコード解読回路である．ここでは，BCD→10進デコーダと第6章のジョンソンカウンタのデコード回路について解説する．

8.2.1 BCD→10進デコーダ (1)

BCD→10進デコーダの (a) ブロック図と (b) 真理値表を図8.4に示す．

ここで，カウント $N = 10 \sim 15$ に対して，出力 D_i ($i = 10 \sim 15$) は不要なので冗長項 "−" となる．この真理値表よりカルノー図 (図8.5) を作成し，10進数出力 $D_i(i = 0, 1, \cdots, 9)$ を BCD 入力の4変数 B_3, B_2, B_1, B_0 の論理式としてつぎのように導くことができる．

(a) のカルノー図は (B_3, B_2, B_1, B_0) のセルに対応する10進数出力 $D_0 \sim D_9$ を記入した図である．たとえば D_9 の論理式を求める場合，(b) に示すように $D_9 = 1$ とし，他の $D_i = 0 (i = 0 \sim 8)$ として簡単化し，$D_9 = B_0 B_3$ と求めることができる．同様に，他の論理式を導くとつぎのように与えられる．

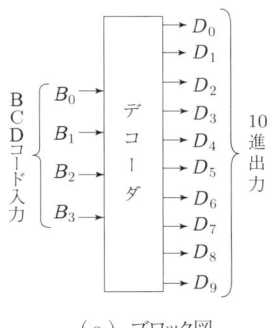

N	BCD入力				10進数出力									
	B_3	B_2	B_1	B_0	D_0	D_1	D_2	D_3	D_4	D_5	D_6	D_7	D_8	D_9
0	0	0	0	0	1	0	0	0	0	0	0	0	0	0
1	0	0	0	1	0	1	0	0	0	0	0	0	0	0
2	0	0	1	0	0	0	1	0	0	0	0	0	0	0
3	0	0	1	1	0	0	0	1	0	0	0	0	0	0
4	0	1	0	0	0	0	0	0	1	0	0	0	0	0
5	0	1	0	1	0	0	0	0	0	1	0	0	0	0
6	0	1	1	0	0	0	0	0	0	0	1	0	0	0
7	0	1	1	1	0	0	0	0	0	0	0	1	0	0
8	1	0	0	0	0	0	0	0	0	0	0	0	1	0
9	1	0	0	1	0	0	0	0	0	0	0	0	0	1
−	−	−	−	−	−	−	−	−	−	−	−	−	−	−

(a) ブロック図 (b) 真理値表

図 8.4 BCD→10進デコーダ

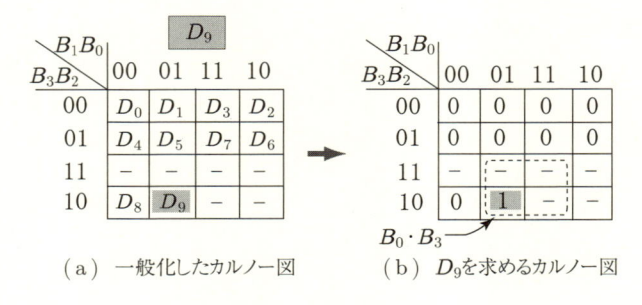

(a) 一般化したカルノー図　　(b) D_9を求めるカルノー図

図 8.5 BCD→10進デコーダのカルノー図

$$D_0 = \overline{B}_3\,\overline{B}_2\,\overline{B}_1\,\overline{B}_0, \qquad D_1 = \overline{B}_3\,\overline{B}_2\,\overline{B}_1 B_0$$

$$D_2 = \overline{B}_2\,B_1\,\overline{B}_0, \qquad D_3 = \overline{B}_2\,B_1\,B_0$$

$$D_4 = B_2\,\overline{B}_1\,\overline{B}_0, \qquad D_5 = B_2\overline{B}_1\,B_0$$

$$D_6 = B_2 B_1 \overline{B}_0, \qquad D_7 = B_2\,B_1\,B_0$$

$$D_8 = B_3 \overline{B}_0, \qquad D_9 = B_3\,B_0$$

この論理式を回路化すると，図 8.6 に示す回路が導かれる．

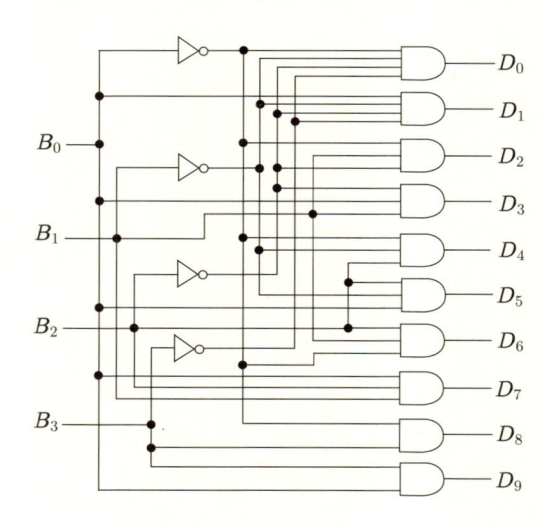

図 8.6 BCD→10進デコーダ回路 (1)

8.2.2 BCD→10進デコーダ (2)

前節で述べた BCD→10 進デコーダの回路化では，図 8.4 (b) の真理値表よりカルノー図を作成し論理式を簡単化したが，真理値表より直接論理式を求め回路化することもできる．真理値表で D_i ($i = 10 \sim 15$) の冗長項をすべて "0" として，D_i を求めるとつぎのようになる．

$$D_0 = \overline{B_0}\ \overline{B_1}\ \overline{B_2}\ \overline{B_3}, \quad D_1 = B_0\ \overline{B_1}\ \overline{B_2}\ \overline{B_3}$$

$$D_2 = \overline{B_0}\ B_1\ \overline{B_2}\ \overline{B_3}, \quad D_3 = B_0\ B_1\ \overline{B_2}\ \overline{B_3}$$

$$D_4 = \overline{B_0}\ \overline{B_1}\ B_2\ \overline{B_3}, \quad D_5 = B_0\ \overline{B_1}\ B_2\ \overline{B_3}$$

$$D_6 = \overline{B_0}\ B_1\ B_2\ \overline{B_3}, \quad D_7 = B_0\ B_1\ B_2\ \overline{B_3}$$

$$D_8 = \overline{B_0}\ \overline{B_1}\ \overline{B_2}\ B_3, \quad D_9 = B_0\ \overline{B_1}\ \overline{B_2}\ B_3$$

この論理式を回路化すると，図 8.7 の回路を構成することができる．前節のデコーダ回路と比較して，デコーダ (2) は出力 D がすべて 4 入力 B の AND ゲートとして表されているため，論理式も回路もわかりやすく構成できる．

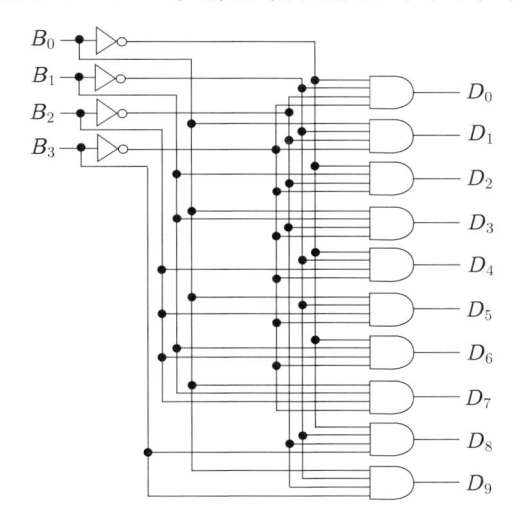

図 8.7 BCD→10 進デコーダ回路 (2)

例題 8.2　6.3.2 項で述べたジョンソンカウンタを 5 個の JK-FF を用いて構成すると 10 進カウンタとして動作する．つぎの問いに答えなさい．
(1) このカウンタのタイミングチャートを示しなさい．
(2) このカウンタのデコーダ回路を設計しなさい．

解答　(1) 6.3.2 項の 8 進ジョンソンカウンタのタイミングチャートを 10 進にすると図 8.8 (a) に示すタイミングチャートが得られる．
(2) 図 8.8 (a) で，イニシャルパルス IP を入力すると，$Q_0 \sim Q_4 = 0$ にリセットされる．この状態のとき出力を $D_0 = 1$ とする．つぎに，第 1 クロックパルス CP を入力すると，$Q_0 = 1$，$Q_1 \sim Q_4 = 0$ となり，これを $D_1 = 1$ に対応させる．同様に，第 2 CP 以降も 10 進データ D に対応させると，(b) の真理値表が得られる．この

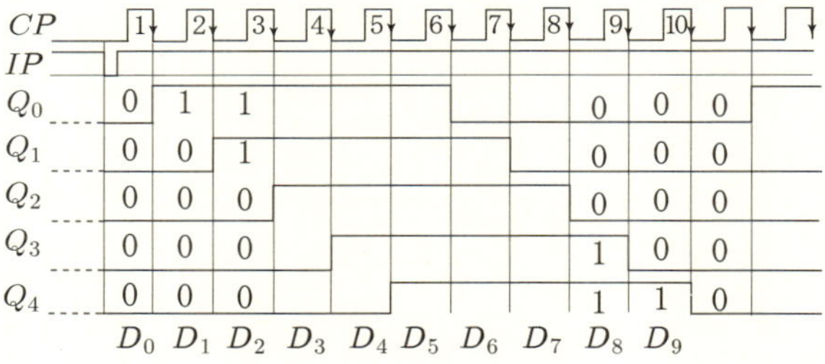

(a) タイミングチャート

N	入力					10進出力									
	Q_0	Q_1	Q_2	Q_3	Q_4	D_0	D_1	D_2	D_3	D_4	D_5	D_6	D_7	D_8	D_9
0	0	0	0	0	0	1	0	0	0	0	0	0	0	0	0
1	1	0	0	0	0	0	1	0	0	0	0	0	0	0	0
2	1	1	0	0	0	0	0	1	0	0	0	0	0	0	0
3	1	1	1	0	0	0	0	0	1	0	0	0	0	0	0
4	1	1	1	1	0	0	0	0	0	1	0	0	0	0	0
5	1	1	1	1	1	0	0	0	0	0	1	0	0	0	0
6	0	1	1	1	1	0	0	0	0	0	0	1	0	0	0
7	0	0	1	1	1	0	0	0	0	0	0	0	1	0	0
8	0	0	0	1	1	0	0	0	0	0	0	0	0	1	0
9	0	0	0	0	1	0	0	0	0	0	0	0	0	0	1
−	他のQの組合せ					−	−	−	−	−	−	−	−	−	−

(b) 真理値表

図 8.8　ジョンソンカウンタ

表より，D の論理式はつぎのように導かれる．

$D_0 = \overline{Q}_0\,\overline{Q}_1\,\overline{Q}_2\,\overline{Q}_3\,\overline{Q}_4, \quad D_1 = Q_0\,\overline{Q}_1\,\overline{Q}_2\,\overline{Q}_3\,\overline{Q}_4$

$D_2 = Q_0\,Q_1\,\overline{Q}_2\,\overline{Q}_3\,\overline{Q}_4, \quad D_3 = Q_0\,Q_1\,Q_2\,\overline{Q}_3\,\overline{Q}_4$

$D_4 = Q_0\,Q_1\,Q_2\,Q_3\,\overline{Q}_4, \quad D_5 = Q_0\,Q_1\,Q_2\,Q_3\,Q_4$

$D_6 = \overline{Q}_0\,Q_1\,Q_2\,Q_3\,Q_4, \quad D_7 = \overline{Q}_0\,\overline{Q}_1\,Q_2\,Q_3\,Q_4$

$D_8 = \overline{Q}_0\,\overline{Q}_1\,\overline{Q}_2\,Q_3\,Q_4, \quad D_9 = \overline{Q}_0\,\overline{Q}_1\,\overline{Q}_2\,\overline{Q}_3\,Q_4$

この論理式を回路化すると，図 8.9 の回路が得られる．

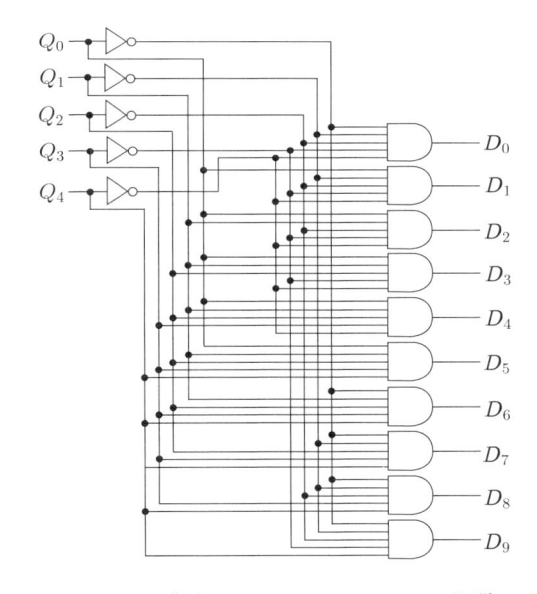

図 8.9 10 進ジョンソンカウンタのデコーダ回路

8.3 表示回路

2 進数を 10 進数表示する回路として，**BCD-7 セグメントデコーダ** (BCD-7 segment decoder) がある．これは図 8.10 (a) に示すように，$a \sim g$ の 7 セグメント (線分) の**発光ダイオード** (light-emitting diode : LED) を用い，0 から 9 までの数字を表示する回路である．各 LED は，$a \sim g$ の真理値が "0" で発光，"1"

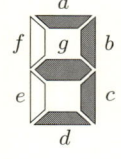

第 8 章 入出力変換回路

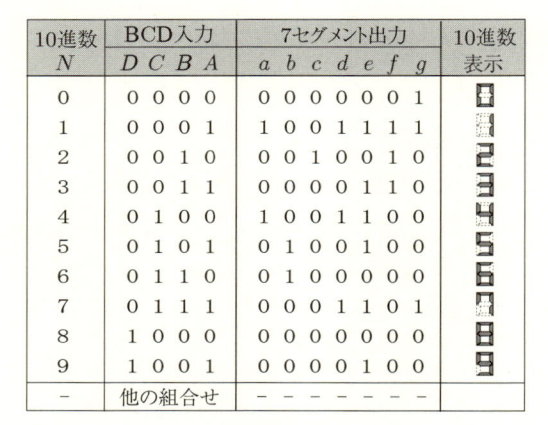

10進数 N	BCD入力 D C B A	7セグメント出力 a b c d e f g	10進数表示
0	0 0 0 0	0 0 0 0 0 0 1	0
1	0 0 0 1	1 0 0 1 1 1 1	1
2	0 0 1 0	0 0 1 0 0 1 0	2
3	0 0 1 1	0 0 0 0 1 1 0	3
4	0 1 0 0	1 0 0 1 1 0 0	4
5	0 1 0 1	0 1 0 0 1 0 0	5
6	0 1 1 0	0 1 0 0 0 0 0	6
7	0 1 1 1	0 0 0 1 1 0 1	7
8	1 0 0 0	0 0 0 0 0 0 0	8
9	1 0 0 1	0 0 0 0 1 0 0	9
–	他の組合せ	– – – – – – –	

(a) 表示例　　(b) 真理値表

図 8.10　BCD-7 セグメントデコーダ

(a) a, b, c のカルノー図　　(b) f, d のカルノー図　　(c) e, g のカルノー図

図 8.11　BCD-7 セグメント変換式のカルノー図

で非発光とする (L–アクティブ)．(a) では，$a = b = c = d = g = 0$, $e = f = 1$ を LED に入力して数字 "3" を表示する例を示す．BCD コードに対応して 10 進数字を表示する LED セグメント $a \sim g$ の論理式は，(b) の真理値表で示される．ここで，BCD 入力を (D,C,B,A) とした．

この表より $a \sim g$ の論理式を求めるため，図 8.11 にカルノー図を示す．(a) は a, b, c，(b) は d, f，(c) は e, g の論理式の簡単化を示す．

ここで，セル内の $a, b, c, \cdots$ の記号は，たとえば，a の論理式を求めるときには $a = 1$，他の記号 $= 0$ として表す．簡単化された論理式はつぎのように与えられる．

$$a = \overline{D}\,\overline{C}\,\overline{B}\,A + C\,\overline{B}\,\overline{A}, \qquad b = C\,\overline{B}\,A + C\,B\,\overline{A}$$

$$c = \overline{C}\,B\,\overline{A}, \qquad d = \overline{D}\,\overline{C}\,\overline{B}\,A + C\,\overline{B}\,\overline{A} + C\,B\,A$$
$$e = C\,\overline{B}\,\overline{A} + A, \qquad f = \overline{D}\,\overline{C}\,\overline{B}\,A + \overline{C}\,B$$
$$g = \overline{D}\,\overline{C}\,\overline{B} + C\,B\,A$$

ここで，セルは $\overline{D}\,\overline{C}\,\overline{B}\,A$, $C\,\overline{B}\,\overline{A}$, $C\,B\,A$ の項が一部共通に使えるようにグループ化した．この論理式を回路化した BCD-7 セグメントエンコーダ回路を図 8.12 に示す．

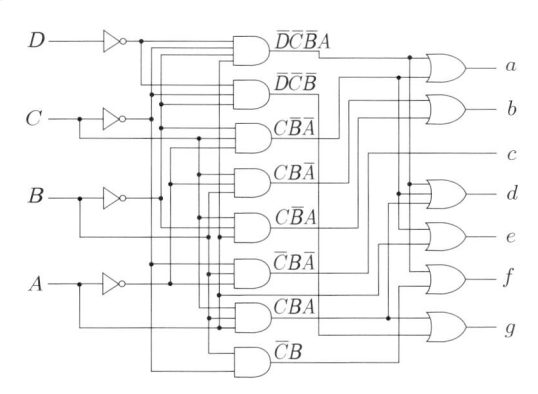

図 8.12 BCD-7 セグメントエンコーダ回路

8.4 マルチプレクサ，デマルチプレクサ

二つ以上の入力データより一つを選択して出力する回路を**マルチプレクサ** (multiplexer) という．逆に，一つのデータを二つ以上の出力に振り分ける回路を**デマルチプレクサ** (demultiplexer) という．図 8.13 は，その概念図を示す．

8.4.1 マルチプレクサ

図 8.14 は，4 個のデータ (D_0, D_1, D_2, D_3) が入力され，制御回路によりデータを選択して出力する回路の例を示す．

制御回路では，入力 A, B の組み合わせで四つの制御信号をつくる．回路は，この信号とデータ (D_0, D_1, D_2, D_3) の AND として出力するので，選択するデータ D_i に対応する制御信号を A, B で "1" にセットすると，D_i が出力される．この例では，データ D_i は 1 ビットであるが，1 ビット以上のデータ

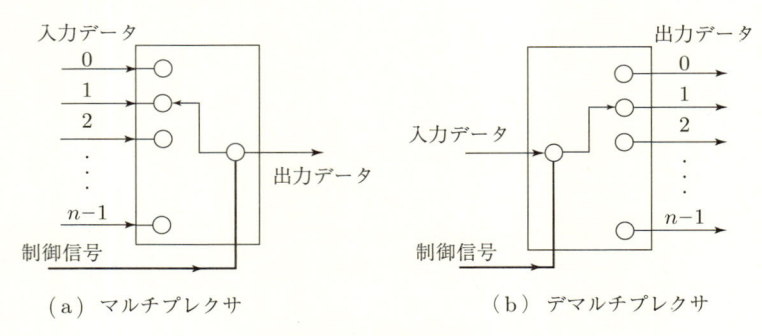

図 8.13 回路の動作機能

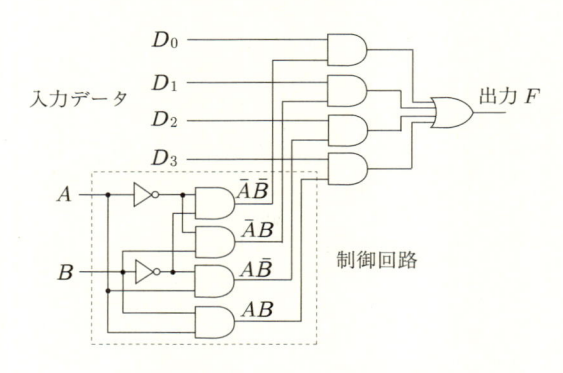

(a) マルチプレクサ

(b) デマルチプレクサ

図 8.14 マルチプレクサ回路

でも同じように動作する．

8.4.2 デマルチプレクサ

デマルチプレクサは，一つのデータを多数ある出力先の一つを指定して出力するときに使用される．図 8.15 は，一つのデータ D を 4 個の出力先

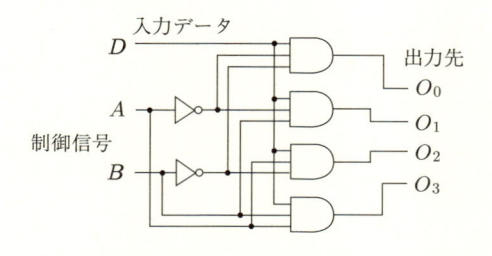

図 8.15 デマルチプレクサ回路

(O_0, O_1, O_2, O_3) の一つに出力する例を示した．制御信号は，A，B の組み合わせによりデータ D を 4 個の出力先 (O_0, O_1, O_2, O_3) のどこに出力するかを指定する．回路は，データ D が 1 ビット以上でもデマルチプレクサの動作をする．

演習問題

8.1 エンコーダ，デコーダ，プライオリティエンコーダの機能について説明しなさい．

8.2 マルチプレクサ，デマルチプレクサの機能について説明しなさい．

8.3 つぎの変換回路を設計しなさい．
   (1) 4 進 → 2 進エンコーダ回路
   (2) 2 進 → 4 進デコーダ回路

8.4 10 進 → BCD エンコーダの B_2 の論理式 (8.3)

$$B_2 = D_4 + D_5 + D_6 + D_7$$

をカルノー図を用いて導きなさい．

8.5 10 進ジョンソンカウンタを図 8.8 (b) の真理値表よりカルノー図を作成し，出力 $(D_0, D_1, \cdots, D_9)$ の論理式を簡単化して回路化しなさい．

8.6 図 8.14 のマルチプレクサの回路図より，出力 F を A，B，D_0，D_1，D_2，D_3 で表しなさい．

8.7 図 8.16 は，エンコーダの前段に挿入し，複数入力に優先度を与え，1 入力を選択する回路である．優先度の高い順に入力順位を示しなさい．回路は，入出力ともに L–アクティブである．

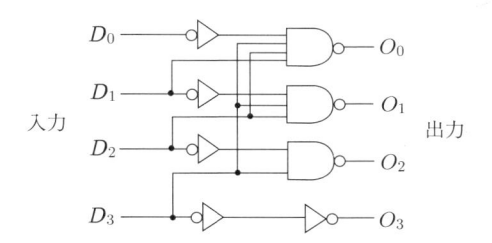

図 8.16 1 入力選択回路

第9章

演算回路

演算回路は，コンピュータや家電製品など広く使われているディジタル回路の一つで，加減乗除の四則演算回路や，数値の大小を判定する比較演算回路などがある．この章では，2進数の四則演算回路のうち，もっとも基本的な加算と減算回路について解説する．

9.1 加算器

2進数 X, Y の和を F とし，$F = X + Y$ の演算を実行する回路を加算回路という．もっとも基本的な演算は，1ビット2進数の加算である．加算回路では，$X+Y$ で生じる桁上げと下桁からの桁上げを考える必要がある．下桁からの桁上げを取り入れない加算器を**半加算器**，桁上げを取り入れる加算器を**全加算器**という．

9.1.1 半加算器

半加算器 (half adder : HA) は，1ビット2進数 X (被加数) と Y (加数) の和 S (1ビット) とこの和より生じる桁上げ C (1ビット) を求めるが，下桁からの桁上げを考えない加算器である．図9.1 (a) に半加算器の論理記号を示す．この演算を

$$X + Y = [C]\ S$$

の形式で表すと，1ビット2進数の和はつぎの4通りになる．

$$0 + 0 = [0]\ 0, \quad 0 + 1 = [0]\ 1, \quad 1 + 0 = [0]\ 1, \quad 1 + 1 = [1]\ 0$$

これを真理値表にまとめて (b) に示す．

9.1 加算器

入力		出力	
X	Y	C	S
0	0	0	0
0	1	0	1
1	0	0	1
1	1	1	0

(a) 論理記号　　(b) 真理値表

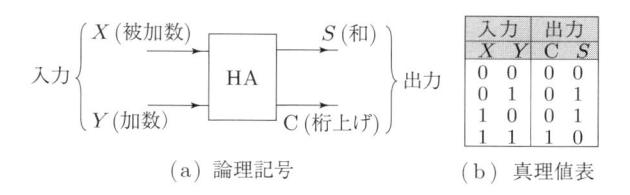

図 9.1　半加算器

この真理値表より，出力 S と C の論理式はつぎのように導かれる．

$$S = \overline{X}Y + X\overline{Y} \tag{9.1}$$

$$= X \oplus Y \tag{9.2}$$

$$C = XY \tag{9.3}$$

この論理式を回路化すると，式 (9.1)，(9.3) より図 9.2 (a) の回路図，式 (9.2) の ExOR ゲートを用いると (b) の回路図が導かれる．

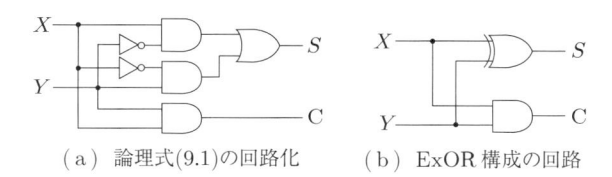

(a) 論理式(9.1)の回路化　　(b) ExOR 構成の回路

図 9.2　半加算器回路

例題 9.1　図 9.3 の回路より，S, C の論理式を導きなさい．また，この回路は半加算器の機能をもつことを示しなさい．

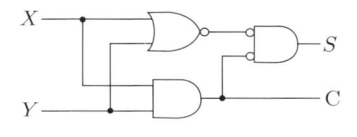

図 9.3　半加算器

解答　S, C の論理式はつぎのように求められる．

$$S = (X+Y)\overline{XY} = (X+\overline{Y})(\overline{X}+\overline{Y}) = X\overline{Y} + \overline{X}Y = X \oplus Y$$
$$C = XY$$

この論理式は式 (9.2), (9.3) と同じなので, この回路は半加算器の機能をもつ.

9.1.2 全加算器

全加算器 (full adder : FA) は, 半加算器で考慮されなかった下桁からの桁上げ C_0 を加え, 被加数 X と加数 Y の和 S を求める演算回路である. $X+Y$ における桁上げを C として図 9.4 (a) に全加算器の論理記号を示す.

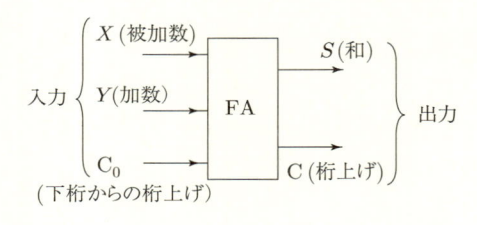

入力			出力	
X	Y	C_0	C	S
0	0	0	0	0
0	1	0	0	1
1	0	0	0	1
1	1	0	1	0
0	0	1	0	1
0	1	1	1	0
1	0	1	1	0
1	1	1	1	1

(a) 論理記号　　　　(b) 真理値表

図 9.4 全加算器

全加算器の和を

$$X + Y + C_0 = [C]\, S$$

のように表すと, 1 ビット 2 進数の和はつぎの 8 通りがある.

$0+0+0 = [0]\,0,\ 0+1+0 = [0]\,1,\ 1+0+0 = [0]\,1,\ 1+1+0 = [1]\,0$

$0+0+1 = [0]\,1,\ 0+1+1 = [1]\,0,\ 1+0+1 = [1]\,0,\ 1+1+1 = [1]\,1$

この結果を (b) の真理値表にまとめ, 和 S と桁上げ C の論理式を導くと, つぎのように与えられる.

$$S = \overline{X}\,Y\,\overline{C_0} + X\,\overline{Y}\,\overline{C_0} + \overline{X}\,\overline{Y}\,C_0 + X\,Y\,C_0 \tag{9.4}$$

$$C = X\,Y\,\overline{C_0} + \overline{X}\,Y\,C_0 + X\,\overline{Y}\,C_0 + X\,Y\,C_0 \tag{9.5}$$

$$ = X\,Y\,\overline{C_0} + \overline{X}\,Y\,C_0 + X\,\overline{Y}\,C_0 + X\,Y\,C_0 + X\,Y\,C_0$$

$$+ X\ Y\ C_0$$
$$= (\overline{X} + X)\ Y\ C_0 + X\ (Y + \overline{Y})\ C_0 + X\ Y\ (\overline{C_0} + C_0)$$
$$= Y\ C_0 + X\ C_0 + X\ Y \tag{9.6}$$

式 (9.4), (9.6) を回路化すると, 全加算器は図 9.5 (a) の回路で構成される.

全加算器を ExOR ゲートで回路構成するため, 式 (9.4), (9.5) をつぎのように変形する.

$$S = \overline{X}\ \overline{Y}\ C_0 + \overline{X}\ Y\ \overline{C_0} + X\ \overline{Y}\ \overline{C_0} + X\ Y\ C_0$$
$$= (X\ Y + \overline{X}\ \overline{Y})\ C_0 + (\overline{X}\ Y + X\ \overline{Y})\ \overline{C_0}$$
$$= (X\ Y + \overline{X}\ \overline{Y})\ C_0 + (X \oplus Y)\ \overline{C_0} \tag{9.7}$$
$$C = \overline{X}\ Y\ C_0 + X\ \overline{Y}\ C_0 + X\ Y\ \overline{C_0} + X\ Y\ C_0$$
$$= (\overline{X}\ Y + X\ \overline{Y})\ C_0 + X\ Y\ (C_0 + \overline{C_0})$$
$$= (X \oplus Y)\ C_0 + X\ Y \tag{9.8}$$

第 4 章の式 (4.16) より, $\overline{X \oplus Y} = X\ Y + \overline{X}\ \overline{Y}$ なので, 式 (9.7), (9.8) はつぎのように表すことができる.

$$S = (\overline{X \oplus Y})\ C_0 + (X \oplus Y)\ \overline{C_0} = (X \oplus Y) \oplus C_0 \tag{9.9}$$
$$C = (X \oplus Y)\ C_0 + X\ Y \tag{9.10}$$

この ExOR 表示の論理式を回路化すると, 全加算器回路は図 9.5 (b) となり,

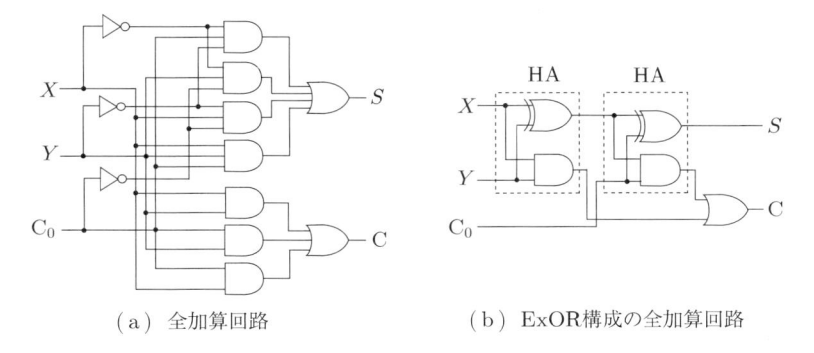

(a) 全加算回路　　　　　(b) ExOR構成の全加算回路

図 9.5　全加算回路

(a) の回路と比較して，格段に簡単化される．(b) の点線部は半加算器回路 HA なので，全加算器 FA は図 9.6 のように示すことがきる．

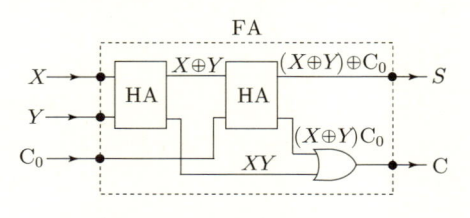

図 9.6 HA 表示の全加算回路

9.1.3 4 ビット並列加算器

n ビットの 2 進数の加算には，n 個の全加算器が必要になる．ここでは 4 ビット 2 進数のデータを並列入力して加算する例を図 9.7 に示す．

X–, Y–レジスタに保存される 4 ビット入力データを $X = (X_3, X_2, X_1, X_0)$, $Y = (Y_3, Y_2, Y_1, Y_0)$, 桁上げを $C' = (C'_3, C'_2, C'_1, C'_0)$, 下桁からの桁上げを $C = (C_3, C_2, C_1, C_0)$ とする．最小桁 LSB の加算には，下桁からの桁上げはないので $C_0 = 0$ を与える．入力データ X, Y は，対応する桁の FA に同時に入力される．各 FA は，$X + Y$ に下桁からの桁上げ C を加えて，出力 S を S–レジスタに，桁上げ C を次段の FA に入力する．全 FA が下桁からの桁上げを加算した時点で，最終加算結果が S–レジスタに得られる．

この加算器のように，加算されるデータが各桁の全加算器に並列に入力される加算器を並列加算器という．演算桁数は，必要な X–, Y–, S–レジスタの桁

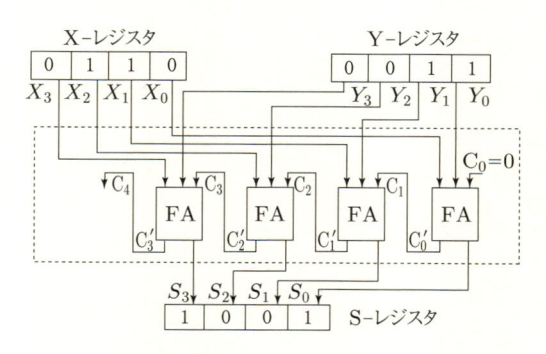

図 9.7 4 ビット加算器

数と FA を追加して増やすことができる.

9.2 減算器

減算には，被減数より減数を直接差し引く**直接減算**と補数を用いて行う**補数加算**がある．直接減算には，加算の場合と同様に半減算器と全減算器がある．

9.2.1 直接減算器

(1) 半減算器

1 ビットの 2 進数の被減数 X，減数 Y を入力し，その差 $D = X - Y$ と上桁からの桁借り B を求める回路を**半減算器** (half subtractor : HS) という．図 9.8 (a) に半減算器の論理記号を示す．

入力		出力	
X	Y	B	D
0	0	0	0
0	1	1	1
1	0	0	1
1	1	0	0

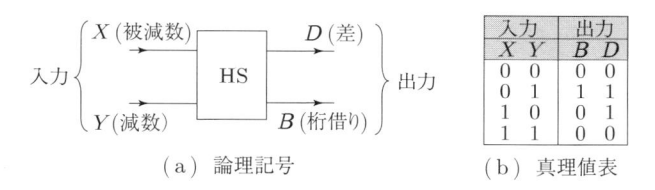

(a) 論理記号　　(b) 真理値表

図 9.8 半減算器

この減算演算を

$$X - Y = [B]D$$

と表すと，基本減算はつぎの 4 通りになる．

$$0 - 0 = [0]0, \quad 0 - 1 = [1]1, \quad 1 - 0 = [0]1, \quad 1 - 1 = [0]0$$

この演算を真理値表にまとめると (b) のように与えられる．この真理値表より，D と B の論理式はつぎのように導くことができる．

$$D = \overline{X}Y + X\overline{Y} \tag{9.11}$$

$$= X \oplus Y \tag{9.12}$$

$$B = \overline{X}Y \tag{9.13}$$

この論理式を加算器と比較すると，差の D は加算器の和の S と同様に排他

的論理和 ExOR で表示される．桁借り B は，加算器の桁上げ C の X を $\overline{X}$ に置き替えた式として表せ，減算，加算器は非常に類似していることがわかる．

論理式 (9.11)，(9.13) を回路化すると，図 9.9 (a) の回路が構成され，論理式 (9.12) を用いると，(b) の ExOR 構成回路が得られる．

(a) 論理式の回路化　　(b) ExOR構成の回路

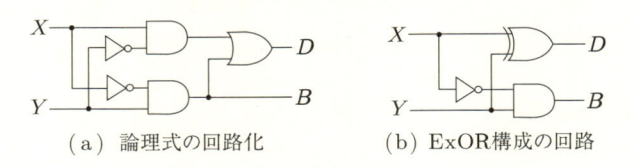

図 9.9 半減算回路

例題 9.2 半加算器と半減算器の論理式 (9.1)，(9.3)，(9.11)，(9.13) を変形し，NAND ゲートで表す式を導き，一つの回路で半加算器と半減算器の両方の機能をもつ回路を構成しなさい．

解答 式 (9.1) の和 S と式 (9.11) の差 D の論理式は等しく，つぎのように変形できる．

$$S = D = X\,\overline{Y} + \overline{X}\,Y = X\,\overline{Y} + \overline{X}\,Y + X\,\overline{X} + Y\,\overline{Y}$$
$$= X\,(\overline{X} + \overline{Y}) + Y\,(\overline{X} + \overline{Y}) = X \cdot \overline{X\,Y} + Y \cdot \overline{X\,Y}$$

この式を二重否定して変形すると

$$S = D = \overline{\overline{(X \cdot \overline{X\,Y}) + (Y \cdot \overline{X\,Y})}} = \overline{\overline{(X \cdot \overline{X\,Y})} \cdot \overline{(Y \cdot \overline{X\,Y})}}$$

になり，NAND 表示の論理式が求められる．式 (9.3) の桁上げ C と式 (9.13) の桁借り B は，

$$C = X\,Y = \overline{\overline{X\,Y}}$$
$$B = \overline{X}\,Y = (\overline{X} + \overline{Y})\,Y = \overline{\overline{Y\,(X \cdot Y)}}$$

これらの式を回路化すると，図 9.10 の NAND ゲート構成の半加減算器回路が得られる．

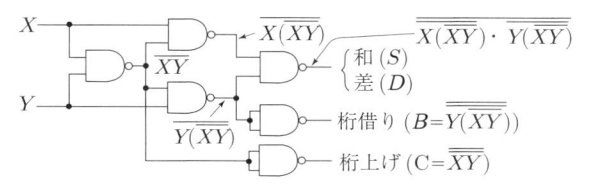

図 9.10　半加減算回路

(2) 全減算器

半減算器に下桁の減算で起こる桁借り B_0 を考慮した減算器を**全減算器** (full subtractor : FS) という．図 9.11 (a) に全減算器の論理記号を示す．この演算を

$$X - Y - B_0 = [B]\,D$$

と表し，入力 X, Y, B_0 に対する出力 B, D をまとめて (b) の真理値表に示す．この真理値表より，$\overline{X \oplus Y} = X\,Y + \overline{X}\,\overline{Y}$ を用いて，つぎの D の論理式を導くことができる．

$$\begin{aligned}
D &= \overline{X}\,Y\,\overline{B_0} + X\,\overline{Y}\,\overline{B_0} + \overline{X}\,\overline{Y}\,B_0 + X\,Y\,B_0 \\
&= (X\,Y + \overline{X}\,\overline{Y})\,B_0 + (\overline{X}\,Y + X\,\overline{Y})\,\overline{B_0} \\
&= (\overline{X \oplus Y})\,B_0 + (X \oplus Y)\,\overline{B_0} = (X \oplus Y) \oplus B_0
\end{aligned} \tag{9.14}$$

$$B = \overline{X}\,Y\,\overline{B_0} + \overline{X}\,\overline{Y}\,B_0 + \overline{X}\,Y\,B_0 + X\,Y\,B_0$$

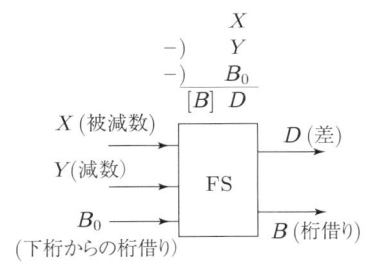

入力			出力	
X	Y	B_0	B	D
0	0	0	0	0
0	1	0	1	1
1	0	0	0	1
1	1	0	0	0
0	0	1	1	1
0	1	1	1	0
1	0	1	0	0
1	1	1	1	1

（a）論理記号　　　　　　　（b）真理値表

図 9.11　全減算器

$$= (X\ Y + \overline{X}\ \overline{Y})\ B_0 + \overline{X}\ Y\ (B_0 + \overline{B}_0)$$
$$= (\overline{X \oplus Y})\ B_0 + \overline{X}\ Y \tag{9.15}$$

式 (9.14) の D は $X \oplus Y$ と B_0 の排他的論理和で，式 (9.15) の B は $\overline{(X \oplus Y)}\ B_0$ と $\overline{X}\ Y$ の論理和で表せるので，全減算器の出力 D, B は 2 組の半減算器 HS を接続して回路化できる．図 9.12 に 2 組の HS で構成した回路を示す．

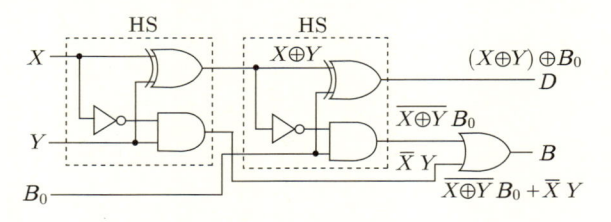

図 9.12 HS 構成の全減算回路

9.2.2 補数回路

第 2 章で説明したように，補数は負数表示や補数加算に用いられる．ここでは，1 と 2 の補数回路について解説する．

(1) 1 の補数回路

1 の補数は 2 進数の各桁のビットを反転 (否定) して得られる．いま，1 の補数回路の入力をつぎの 4 桁の 2 進数 X，その出力を S' とする．

$$X = (X_3, X_2, X_1, X_0) \tag{9.16}$$
$$S' = (S'_3, S'_2, S'_1, S'_0) \tag{9.17}$$

1 の補数は，各桁の X_i を直接 NOT ゲートに入力し，否定して得られる．1 の補数を $S' = (S'_3, S'_2, S'_1, S'_0) = (\overline{X}_3, \overline{X}_2, \overline{X}_1, \overline{X}_0)$ とし，NOT ゲート構成回路を図 9.13 (a) に示す．

出力を制御するパラメータを P とし，入力 X' と制御パラメータ P の ExOR の出力を S' とすると，S' は

$$S' = X \oplus P = X\overline{P} + \overline{X}P = \overline{X}\,(P=1) : 補数$$
$$= X\,(P=0) : 元の数$$

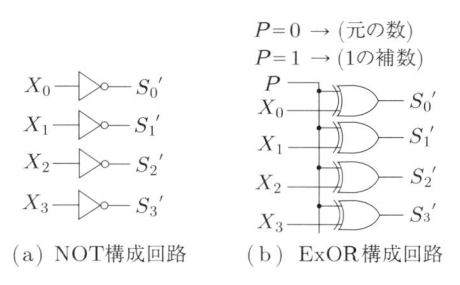

図 9.13 1 の補数回路

(a) NOT構成回路　(b) ExOR構成回路

と表せるので，S' は $P=1$ で補数，$P=0$ で元の数になる．これを 2 進数の各桁に用いると，1 の補数回路は ExOR を用いて (b) のように構成できる．

(2) 2 の補数回路

2 の補数は，1 の補数に 1 を加えて求められる．式 (9.16) の X を例として，その 2 の補数を $S=(S_3, S_2, S_1, S_0)$ とすると，S はつぎのように表せる．

$$S = (S_3, S_2, S_1, S_0) = S' + 1$$
$$= (\overline{X}_3, \overline{X}_2, \overline{X}_1, \overline{X}_0) + (0,0,0,1) \tag{9.18}$$

ここで，加数 $(0,0,0,1)$ は S' の最小桁 LSB のみに加算される．他の桁には "0" と下桁からの桁上げを加算する必要がある．いま，この LSB の加数 "1" を $C_0 = 1$，他の桁で生じる桁上げを C_3, C_2, C_1 として式 (9.18) を書き換えると，

$$S = (\overline{X}_3 + C_3, \overline{X}_2 + C_2, \overline{X}_1 + C_1, \overline{X}_0 + C_0) \tag{9.19}$$

と表すことができる．この演算式 (9.19) の各桁を論理式で表すと，式 (9.12)，式 (9.13) より各桁は

$$S_0 = \overline{X}_0 \oplus C_0, \quad C_1 = \overline{X}_0 C_0$$
$$S_1 = \overline{X}_1 \oplus C_1, \quad C_2 = \overline{X}_1 C_1$$
$$S_2 = \overline{X}_2 \oplus C_2, \quad C_3 = \overline{X}_2 C_2$$
$$S_3 = \overline{X}_3 \oplus C_3, \quad C_4 = \overline{X}_3 C_3$$

と与えられ，2 の補数回路は 1 の補数回路と半加算回路で構成できる．

$C_0 = 1$ では，(S_0, S_1, S_2, S_3) は 2 の補数になり，S_0，C_1 を求めると，

$$C_0 = 1 \rightarrow S_0 = \overline{X}_0 \oplus 1 = X_0, \quad C_1 = \overline{X}_0 \cdot 1 = \overline{X}_0$$

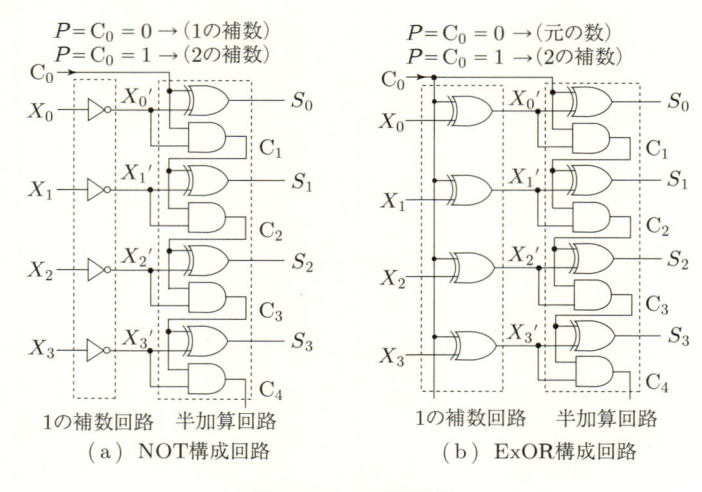

図 9.14 2の補数回路

となる。$C_0 = 0$ に対しては，

$$C_0 = 0 \rightarrow S_0 = \overline{X}_0 \oplus 0 = \overline{X}_0, \qquad C_1 = \overline{X}_0 \cdot 0 = 0$$

になり，桁上げが生じないので，$C_1 = C_2 = C_3 = 0$ になる．

図 9.14 に半加算回路構成の 2 の補数回路を示す．ここで，中間出力 X' を $X' = (X_3', X_2', X_1', X_0')$ と表す．C_0 は制御パラメータに対応し P として表すと，その値により S の補数または元の数になる．(a) の NOT 構成の補数回路では，パラメータ $P = C_0 = 1$ で 2 の補数になる．$P = C_0 = 0$ に対して，中間出力 X' は 1 の補数なので，最終出力 S は 1 の補数 $S = (\overline{X}_3, \overline{X}_2, \overline{X}_1, \overline{X}_0)$ を出力する．

(b) の ExOR 構成の補数回路では，$P = C_0 = 1$ に対して 2 の補数を出力する．$P = C_0 = 0$ に対して，中間出力は $(X_3', X_2', X_1', X_0') = (X_3, X_2, X_1, X_0)$ (元の数) で，桁上げが $C_1 = C_2 = C_3 = 0$ となるので，最終出力も $(S_3, S_2, S_1, S_0) = (X_3, X_2, X_1, X_0)$ の元の数になる．

9.2.3 2の補数加算器

第 2 章で述べたように，符号つき 2 進数の負数はその正数の補数として表される．いま，2 進数を X, Y, 符号つき 2 進数を $X_\pm$, $Y_\pm$ とし，それぞれの桁

数を符号つき2進数と同じとして，加算，減算はつぎのように加算形式に表すことができる．

$$X + Y = X_+ + Y_+, \quad X - Y = X_+ + Y_-$$

ここでは2の補数加算器を考えるので，Y_- は $Y_- = 2^p - Y_+$ (Y の2の補数) で与えられる．また，式 (2.22) より，この演算結果は，桁上げを無視すると符号つき2進数として与えられる．このことより，2進数の加算，減算を符号つき2進数の加算とし，その加算結果を符号つき2進数として出力する2の補数加算回路を考える．

いま，4ビット2進数 $X = (X_3, X_2, X_1, X_0)$, $Y = (Y_3, Y_2, Y_1, Y_0)$ を加算器への入力とし，その演算結果が数値ビットの3桁を超えない場合 (オーバフローなし) を仮定する．前節で述べたように，ExOR 構成の補数回路は，制御パラメータ P により元の数または，補数を出力することができるので，ExOR 構成の補数回路を用い，$P = 0$ のときは加算，$P = 1$ のときは補数加算 (減算) できるようにする．この出力を全加算器に入力するので，回路は「4ビットの補数回路+4個の全加算器」で構成される．その回路を図 9.15 に示す．初段の1の補数回路の出力を $Y' = (Y_3', Y_2', Y_1', Y_0')$ とし，全加算器の出力 $S = (S_3, S_2, S_1, S_0)$ として示した．

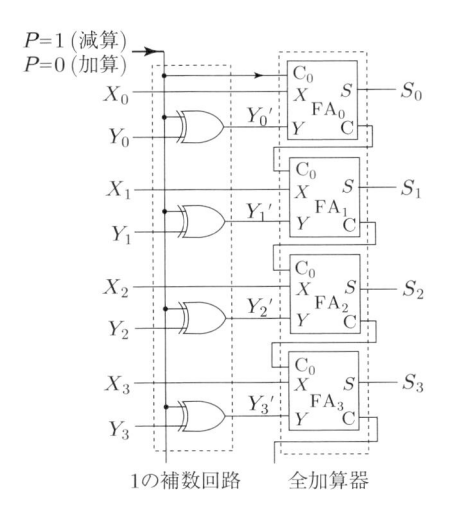

図 9.15 2の補数を用いた加算回路

初段に1の補数回路を用いたが，全加算器 FA_0 の下桁からの桁上げの端子 C_0 に制御パラメータ $P=1$ を入力すると，1の補数+1になり，2の補数回路を構成する．

制御パラメータ $P=0$ では，補数回路の出力 $Y'=Y=Y_+$ で S は $S=X+Y'=X_++Y_+$ の加算結果を与える．$P=1$ では，Y' は $Y'=Y_-$ (2の補数)になるので，出力 S は $S=X+Y'=X_++Y_-=X-Y$ の減算を実行し，回路の出力 $S=(S_3,S_2,S_1,S_0)$ は符号つき2進数の加算結果を与える．2の補数表示の場合は，最上位桁 MSB の FA_3 の桁上げ C は無視するので，どこにも接続する必要はない．

演習問題

9.1 図9.16は，NORゲート構成の回路である．この回路の S と C の論理式を導き簡単化しなさい．また，この論理式より，この回路は加算，減算のどちらの演算回路であるかを判定しなさい．

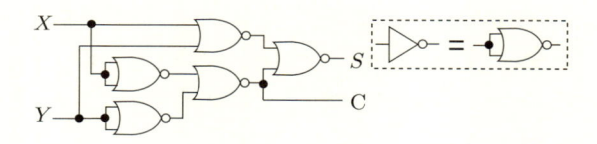

図 9.16 NORゲート構成回路

9.2 半加算器の論理式 S, C がつぎのように与えられている．この式を回路化しなさい．また，S は $S=X\oplus Y$ になることを確かめなさい．

$$S=\overline{X+Y+XY}$$

$$C=XY$$

9.3 下記の S, C の論理式を変形して，図9.17の全加算回路を表す論理式を導きなさい．また，この全加算回路を2組の半加算器 HA の論理記号と OR ゲートで構成される回路に変形しなさい．

$$S=\overline{X}\,\overline{Y}\,C_0+\overline{X}\,Y\,\overline{C_0}+X\,\overline{Y}\,\overline{C_0}+X\,Y\,C_0$$

$$C=\overline{X}\,Y\,C_0+X\,\overline{Y}\,C_0+X\,Y\,\overline{C_0}+X\,Y\,C_0$$

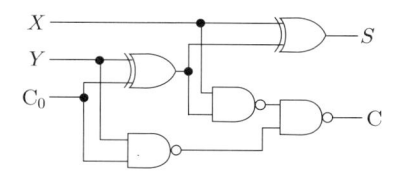

図 9.17 全加算回路

9.4 (1) つぎの論理等式が成立することを示しなさい.

$$(X \oplus Y) \oplus Z = (X \oplus Z) \oplus Y$$

(2) 3入力 ExOR $F = (X \oplus Y) \oplus Z$ を図 9.18 の論理記号で表し，この論理記号を用いて

$$X + Y + C_0 = [C]S$$

の全加算回路を構成しなさい.

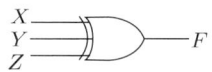

図 9.18 3入力 ExOR の論理記号

9.5 NOT ゲート構成の1の補数回路を用い，2ビット2進数減算回路を2の補数加算回路として構成しなさい.

第 10 章

ディジタル IC

これまでは，ゲート回路の組み合わせで種々の回路を構成してきた．しかし，実際にディジタル回路を組み立てるためには，ゲート回路と使用するトランジスタや IC(集積回路) との関連を理解する必要がある．ここでは，ディジタル回路の組み立てに必要な最小限の基本事項としてダイオード，トランジスタおよびトランジスタ回路，ディジタル IC の種類，機能，特性等について解説する．

10.1 半導体素子とゲート回路

ゲート回路は，トランジスタやダイオードなどの半導体素子で構成される．ここでは，半導体素子の基本動作，基本ゲートの半導体素子構成とその動作について述べる．

10.1.1 半導体素子とダイオード

ガラスは電流を通さない絶縁体で，金属は電流を通す導体である．電流の流れ方が絶縁体と導体の中間で一部電流が流れる物質を**半導体**という．半導体はシリコン等の結晶から作られる．ダイオードやトランジスタは半導体から作られ，**半導体素子**という．

半導体には，負電荷の**電子**を多く含む **n 形半導体**と正電荷の**正孔**を多く含む **p 形半導体**の 2 種類がある．電子や正孔は電荷の流れの担い手になり，**キャリア**とよばれる．

ダイオードは，これらの p 形と n 形の半導体を接合した **pn 接合半導体**で，陽極と陰極の 2 個の電極をもつ素子である．図 10.1 (a) にダイオードの素子記号を，(b) にダイオードの電圧・電流特性を示す．

(b) は，陽極と陰極の電位差 V_D とダイオードに流れる電流 I_D の関係を示す．

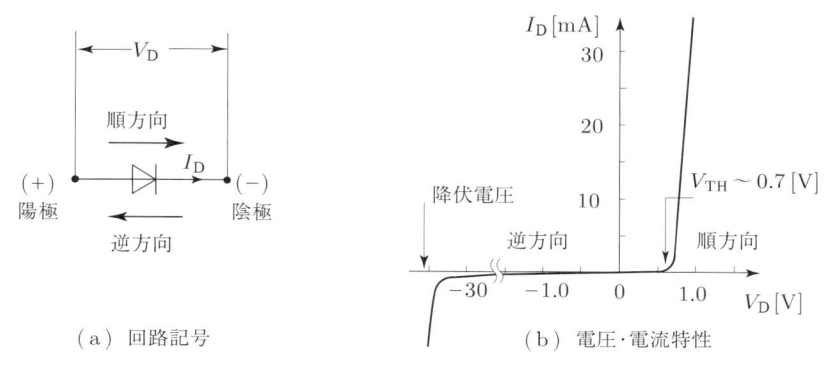

図 10.1 pn 接合ダイオード素子記号と電圧・電流特性

電圧 V_D がしきい値 $V_{TH} \simeq 0.7$ [V] 以上になると急激に電流が流れる．これを順方向電圧を加えて**順方向電流**が流れるという．一方，逆電圧を加えると，**逆方向電流**は $I_D \simeq 0$ [A] で電流はほとんど流れない．しかし，ある大きな負電圧を加えると，逆方向にも急激に電流が流れ出す．この負電圧を**降伏電圧**という．

10.1.2　トランジスタ

トランジスタは，3個の電極をもち，増幅やスイッチ機能をもつ素子である．ディジタル回路では ON，OFF のスイッチとして用いられる．トランジスタは，**バイポーラ** (bipolar) と**モス** (MOS) の2種類に大別される．バイポーラトランジスタは，負電荷の電子と正電荷の正孔が電荷移動の担い手**キャリア** (carrier) として動作する．MOS トランジスタは**ユニポーラ** (unipolar) トランジスタともいわれ，電子か正孔の一方がキャリアとして動作する．

(1) バイポーラトランジスタ

バイポーラトランジスタには，p 形，n 形半導体の組み合わせにより npn，pnp 接合の2種類の型がある．その記号を図 10.2 に示す．

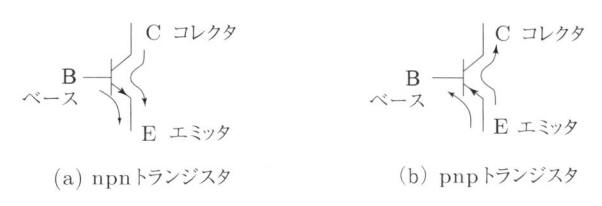

図 10.2　バイポーラトランジスタの記号

ここで，3個の電極をそれぞれベース (base)，**コレクタ** (collector)，エミッタ (emitter) といい，記号 B, C, E で示す．素子記号の矢印は，電流の流れの方向を示し，その方向で npn と pnp トランジスタの区別をすることができる．トランジスタは，B 端子に流す微小電流で C-E 間に大電流を流すことができ，この特性を利用して，増幅，スイッチング回路を作ることができる．

図 10.3 は，(a) に npn トランジスタ回路，(b) にベース電圧 V_{BE} とコレクタ電流 I_C の特性を示す．ベース電圧 $V_{BE} < \sim 0.7$ [V] ではコレクタ電流 I_C はほとんど流れないが，$V_{BE} > \sim 0.7$ [V] では I_C が急激に増加する．ベース電流 I_B は I_C を制御するが微小電流なので，エミッタ電流は $I_E = I_B + I_C \approx I_C$ となる．このトランジスタの動作は，$V_{BE} < \sim 0.7$ [V] で CE 間は開放状態，$V_{BE} > \sim 0.7$ [V] で短絡状態になり，(c) に示すスイッチング動作に対応する．

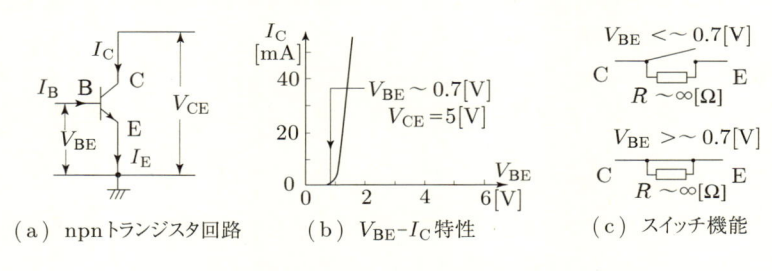

(a) npn トランジスタ回路　　(b) V_{BE}-I_C 特性　　(c) スイッチ機能

図 10.3　トランジスタ回路の基本動作

(2) MOS トランジスタ

MOS トランジスタは，電子か，正孔のいずれか一方のキャリアで動作し，**金属酸化膜形電界効果トランジスタ** (metal oxide semiconductor field effect transistor：MOS-FET)，または，単に **MOS** ともよばれる．MOS には，**n-MOS** (n-channel MOS)，**p-MOS** (p-channel MOS) の2種類と，それらを組み合わせた **CMOS** (complementary MOS) とよばれる回路形式がある．

MOS の電極には，ゲート (gate)，ドレイン (drain)，ソース (source) があり，それぞれ **G, D, S** の記号で表す．図 10.4 に MOS の回路記号を示す．記号 **BS** は，MOS の**基板** (substrate) に対応し，一般にソース S と接続して使用される．n 形の基板に p 形の電極 D, S を接合したものが p-MOS で，p 形の基板に n 形の電極を接合したものが n-MOS である．基板端子 BS からの矢印の方向は n-MOS と p-MOS を区別する．CMOS は，一つの基盤に n-MOS と p-MOS を対にして形成したもので，その回路記号は図 10.11(10.2.3 項参照) に示す．

(a) n-MOS　　(b) p-MOS

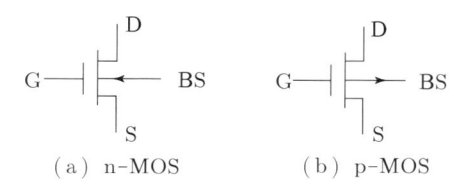

図 10.4　MOS 記号

MOS の電圧・電流特性は，バイポーラトランジスタの特性に類似している．ゲート電圧 V_{GS} がバイポーラトランジスタの V_{BE} に対応してドレイン電流 I_D を制御する．この特性を用いて，トランジスタの場合と同様に AND，OR，NOT 等の回路を構成することができる．

10.1.3　基本ゲート

NOT，OR，AND ゲートは，ダイオード，トランジスタ，抵抗の組み合わせで構成することができる．現在では，このままでは使用されないが，ゲート回路の基本動作を理解するには適切な回路なので，ここで説明する．

(1) NOT ゲート

NOT ゲートは，トランジスタと抵抗の組み合わせで構成できるが，ダイオードでは構成できない．図 10.5 に NOT ゲートのトランジスタ構成回路を示す．ここで，GRD は接地に対応し，$V_{GRD} = 0$ [V] としている．回路図に示した電圧はこの V_{GRD} を基準にしている．

図 10.3 のトランジスタ特性より，入力 $V_A = 0$ [V] では $I_C = 0$ [A] なので，出力は $V_F = V_{CC} = 5$ [V] となる．一方，$V_A = 5$ [V] では，大きな電流 I_C が抵抗 R_1 を流れ，出力は $V_F \approx 0$ [V] となる．電圧 0 [V] を論理値 "0"，電圧 5 [V] を論理値 "1" に対応させ (正論理)，回路の入力変数を A，出力を F とすると，

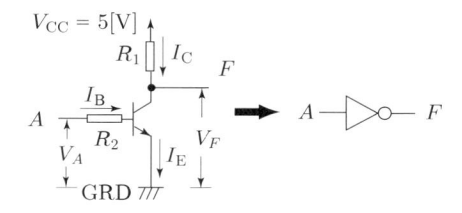

図 10.5　NOT ゲート回路

$$F = \overline{A}$$

で表され，NOT ゲートに対応する．

(2) OR ゲート

OR ゲートは，ダイオードまたはトランジスタで構成することができる．図 10.6(a) は OR ゲートのダイオード構成，(b) はトランジスタ構成の回路を示す．

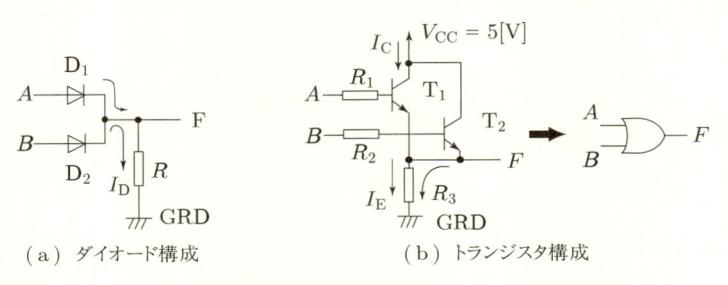

図 10.6 OR ゲート回路

(a) では，A，B の電圧が $V_A = V_B = 0$ [V] のときダイオードに電流が流れないので，$V_F = 0$ [V] となる．A，B 電圧のどちらか一方か両方が 5 [V] になると，電流 I_D が矢印の方向にダイオードと抵抗 R を通じて流れ，出力電圧 V_F は，入力電圧 5 [V] よりダイオードのしきい値 $V_{TH} \sim 0.7$ [V] だけ低い $V_F \sim 4.3$ [V] となる．電圧 ~ 0 [V]，4.3 [V] をそれぞれ論理値 = 0，1 に対応させると，出力 F は

$$F = A + B$$

に対応するので，この回路は OR ゲートの機能をもつことがわかる．

(b) のトランジスタ回路では，トランジスタ T_1，T_2 のエミッタは共通の抵抗 R_3 に接続され接地されている．入力 A，B のいずれか一方かまたは両方が 5 [V] になると，エミッタ電流 I_E が R_3 に流れるため，出力 F の電圧は高く，A，B の両方が低いと出力 $F = 0$ [V] になる．この動作は，ダイオードの場合と同じく OR ゲートの機能を示す．

(3) AND ゲート

図 10.7 にダイオード構成とトランジスタ構成の AND ゲート回路を示す. (a) のダイオード構成回路では, ダイオードの方向が OR ゲートと逆になっている. A, B の電圧がともに $V_A = V_B = 5$ [V] のときダイオードに電流が流れないので, 出力電位は V_{CC} と同電位になり, $V_F = 5$ [V] となる. 一方, A, B 電圧の両方かどちらか一方が 0 [V] になると, ダイオードには図に示す矢印の方向に電流が流れ, 抵抗 R による電圧降下のため $V_F \sim 0.7$ [V] となる. 電圧 ~ 0.7 [V], 5 [V] をそれぞれ論理値 = 0, 1 に対応すると, 出力 F は

$$F = A \cdot B$$

に対応するので, この回路は AND ゲートの機能をもつことがわかる.

(b) のトランジスタ回路では, トランジスタ T_1 のエミッタは T_2 のコレクタに直列に接続されているので, 入力 A, B の両方は電圧が 5 [V] のときのみ T_1, T_2 は導通状態になり抵抗 R_3 に電流が流れ, 出力電圧が ~ 5 [V] に上がる. A, B の一つでも電圧 $V = 0$ [V] のときは, T_1, T_2 の直列接続回路は絶縁状態になり抵抗 R_3 に電流が流れないので, 出力電圧は $V_F = 0$ [V] になる. この回路もダイオードの場合と同じく AND ゲートの機能を示す.

(a) ダイオード構成　　(b) トランジスタ構成

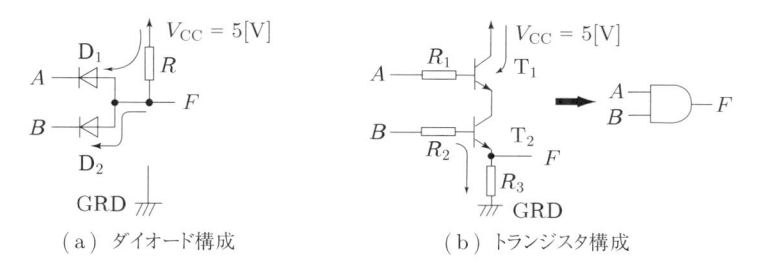

図 10.7 AND ゲート回路

10.2　ディジタル IC

トランジスタ, ダイオード, 抵抗などで構成されるディジタル回路を集積化したものを**ディジタル IC** (digital integrated circuit), または単に **IC** という.

10.2.1 IC の分類

ディジタル IC は，多数のトランジスタやダイオードなどの半導体素子と抵抗などをシリコン基板 (ウェーハ) の表面および浅い内部に集積させて製作し，1 小片ごとに電子回路を形成したものである．この小片を**チップ**という．1 チップ内に集積されている素子数により，IC は表 10.1 のように分類される．LSI より素子数の少ない IC は，単に IC とよぶ．

表 10.1 IC と集積素子数

名　称	素子数
LSI(大規模集積回路，large scale integration)	$10^3 \sim 10^6$ 個
VLSI(超大規模集積回路，very large scale integration)	$10^6 \sim 10^8$ 個
ULSI(極超大規模集積回路，ultra large scale integration)	$10^8 \sim$ 個

集積度の低い IC は，家電製品やディジタル時計などの回路として用いられている．集積度の高い LSI，VLSI，ULSI は，マイクロコンピュータ，IC メモリ，スーパーコンピュータなどの特定の用途に用いられる IC である．

ディジタル IC には，バイポーラトランジスタを用いたバイポーラ IC (bipolar-IC)，MOS-FET を用いたモス IC (MOS-IC) とさらに両者を混在させたバイシーモス IC (BiCMOS-IC) に大別される．図 10.8 にディジタル IC の分類を示す．つぎに，これらの IC について簡単に説明する．

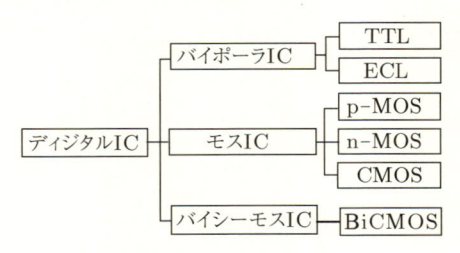

図 10.8 ディジタル IC の分類

10.2.2 バイポーラ IC

(1) 標準 TTL

TTL (transistor transistor logic) は，トランジスタのみで構成される IC で，集積度は低いが，比較的高速に動作する IC である．初期に開発された TTL

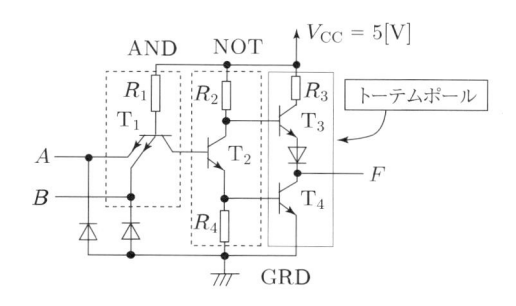

図 10.9 標準 TTL 構成の NAND 回路

は標準 TTL とよぶ．標準 TTL を用いた基本回路 (NAND ゲート) の例を図 10.9 に示す．NAND などの論理ゲートを収めた IC を**ロジック IC** (logic IC) という．

入力段の T_1 はマルチエミッタトランジスタで，入力 A, B はそのエミッタに接続されている．この入力段は AND 機能をもち，出力のコレクタは T_2 のベースに入力される．T_2 と出力段 T_3, T_4 との接続は NOT として動作し，全体で NAND 機能を構成する．

出力段 (実線ボックス囲い) は特別に T_3 と T_4 を縦接続した回路で，安定した出力を取り出す方式で**トーテムポール** (totem pole) 方式という．入力 A, B のいずれか一方か両方が L–レベルのとき，T_3 オンで T_4 オフになる．そのとき，出力は H–レベルになり T_3 のエミッタ電流が出力 F (次段ゲート) へ流出する．A, B 両方が H–レベルのときは，逆に，T_4 オンで T_3 オフになり，出力は L–レベルになる．電流は出力 F (次段ゲート) から T_4 のコレクタ → エミッタへ流入する．このように，T_3 と T_4 は互いにオン，オフの関係になり，安定した動作が得られる．

(2) 改良型 TTL

TTL を高速化するために，**ショットキートランジスタ** (Shottky transistor) を用いた改良型 IC が開発された．このトランジスタは，図 10.10(a) に示す高速の**ショットキーバリアダイオード** (Shottky barrier diode) を (b) のようにコレクタ・ベース間に取りつけたものである．ショットキーバリアダイオードの電圧降下は 0.4 [V] と低いので，トランジスタのベースに蓄積されるキャリアを減少させることができ，動作速度を高速化できる．この TTL を **S-TTL**

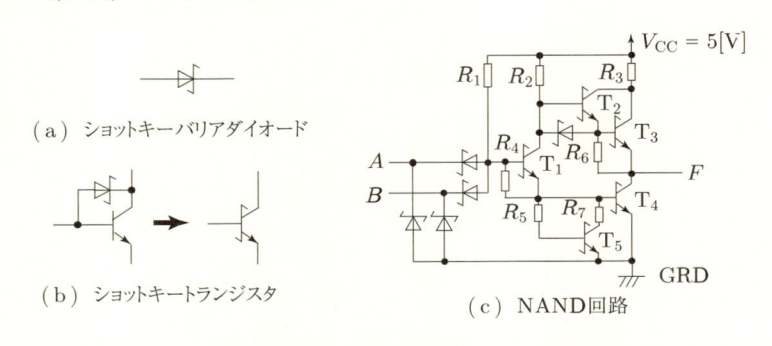

図 10.10 ショットキートランジスタと NAND ゲート LS-TTL 回路

(Shottky TTL) という．さらに，低消費電力化を進めた IC が開発され **LS-TTL** (low power Shottky TTL) とよばれる．LS-TTL タイプの回路例として (c) に NAND 回路を示した．

　ショットキータイプをさらに高速化した **AS-TTL** (advanced S-TTL)，低消費電力化を行った **ALS-TTL** (advanced LS-TTL)，さらに ALS-TTL を高速化した **F-TTL** (fast TTL) が開発されている．表 10.2 に例として TTL-IC(インバータ回路) の特性を示した．消費電力 (= 電源電流 × 電源電圧) は，電源電圧を 5 [V] として示した．

表 10.2 TTL-IC(インバータ回路) の特性

IC型番	入力電圧 V_{IH} [V] / V_{IL} [V]	出力電圧 V_{OH} [V] / V_{OL} [V]	入力電流 I_{IH} [mA] / I_{IL} [mA]	出力電流 I_{OH} [mA] / I_{OL} [mA]	伝播遅延時間 T_{pdH} [ns] / T_{pdL} [ns]	電源電流 I_H [mA] / I_L [mA]	消費電力 W_H [mW] / W_L [mW]
7404	2.0 / 0.8	2.4 / 0.4	0.04 / -1.6	-0.4 / 16	22 / 15	12 / 33	60 / 165
74LS04	2.0 / 0.8	2.7 / 0.5	0.02 / -0.4	-0.4 / 8	15 / 15	2.4 / 6.6	12 / 33
74ALS04	2.0 / 0.8	2.7 / 0.5	0.02 / -0.1	-0.4 / 8	11 / 8	1.1 / 4.2	5.5 / 21
74S04	2.0 / 0.8	2.7 / 0.5	0.05 / -2	-1 / 20	4.5 / 5	24 / 54	120 / 270

(3) ECL

　バイポーラ形 IC には，TTL の他に **ECL** (emitter coupled logic) がある．ECL は，トランジスタの増幅領域でスイッチング動作をする回路で比較的大電流を流すことができるので，1 [ns] 以下の高速化を実現している．ECL は，こ

の高速性を武器に高速ゲートとして発展し，主として，大型コンピュータの論理ゲートに用いられているが，高速化を目指しているため，消費電力は大きい．

10.2.3 CMOS と BiCMOS

MOS-IC には，p-MOS と n-MOS を対として構成した **CMOS** がある．CMOS は，消費電力がきわめて小さく高集積化に適しており，また後で述べるように IC 製造技術の開発により高速化が進み，現在の IC の主流になっている．

CMOS の基本回路構成を図 10.11 にインバータの例で示す．p-MOS と n-MOS のドレイン D は接続され，入力が H–レベルのとき p-MOS はオフ，n-MOS はオンになるので，出力レベルは L になる．入力が L–レベルのとき p-MOS はオン，n-MOS はオフになるので，出力レベルは H になり，インバータの動作をすることがわかる．また，入力が H または L のいずれのレベルでも p-MOS または n-MOS の一方がオフになり，入力インピーダンス Z_I(＝入力電圧 V/入力電流 I) が高く，出力インピーダンス Z_O(＝出力電圧 V/出力電流 I) が低く，LSI のような多段の従属接続が可能になる．

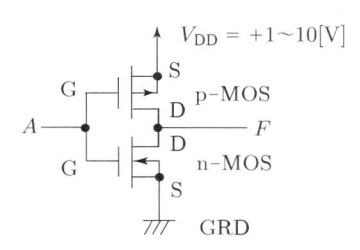

図 10.11 CMOS 構成のインバータ回路

CMOS の開発初期では，スイッチング動作は 120 [ns] 程度の低速であった．その後，品質の改良が進み，TTL の LS タイプと同程度の速度が得られる **HC** (high speed CMOS) や TTL の AS タイプと同等の性能が得られる **AC** (advanced CMOS) が利用できるようになった．CMOS は，電源電圧範囲が 1～10 [V] と広く，消費電力がきわめて少なくかつ高速である特長を備えているため，現在広く使用されている．表 10.3 に CMOS の例としてインバータ回路の特性を示した．消費電力は，電源電圧を 5 [V] として示した．

BiCMOS は，CMOS ロジックを主回路とし，出力段をバイポーラ ECL 回路として構成した IC である．CMOS，ECL 両者の利点を用いているため，高速，

表 10.3 CMOS（インバータ）回路の特性

IC型番	入力電圧 V_{IH}[V] V_{IL}[V]	出力電圧 V_{OH}[V] V_{OL}[V]	出力電流 I_{OH}[mA] I_{OL}[mA]	伝播遅延時間 T_{pdH}[ns] T_{pdL}[ns]	電源電流 I_H[mA] I_L[mA]	消費電力 W_H[mW] W_L[mW]
74HC04	3.15 0.9	3.94 0.34	−4 4	23 23	0.02 0.02	0.1 0.1
74AC04	3.15 0.9	3.94 0.36	−24 24	5.9 5.9	0.04 0.04	0.2 0.2

低消費電力を実現しているが, 2 種類の異なった構造の IC を 1 チップに収めるため製造技術は複雑になり, コスト的に不利になる. 主に, 大型コンピュータの中央処理装置などに用いられている.

10.2.4 IC の現状

IC の開発は, CMOS を中心に低消費電力, 高速化の実現を目指して急速に進んでいる. トランジスタの極小化と配線の微細化により浮遊電気容量や抵抗を小さくする多層構造形銅配線技術が開発され, CMOS は, さらに低消費電力, かつ高速化が実現している.

この開発とともに, 特定ユーザや特定用途向けのゲートアレイ構成の **ASIC** (application specific IC) が開発され, 専用設計の大規模 IC が容易に設計・製造できるようになった. また, 第 4 章で述べた AND アレイと OR アレイで構成される PLA をベースにユーザがその場で論理機能をプログラムすることができる **FPGA** (field programmable gate array) とハードウェア記述言語 (hardware description language：HDL) による設計環境が開発されている. この技術開発により, 100 万ゲート相当の大規模な IC を効率よく構築することが可能になった.

現在では, 100 [nm] 以下の極小トランジスタが開発され, ゲート遅延時間 100 [ps] 以下の高速 CMOS ロジック回路を搭載する高機能 1 チップ LSI が実用化されている. これらの技術開発により, メモリ IC の大容量, 高速化やロジック IC の高速化がさらに進むものと思われる.

10.3 IC の特性

TTL や CMOS には数多くの種類があり，これらを使用するにはその特性を知る必要がある．ここでは，これらの IC の基本的な特性について解説する．

10.3.1 論理振幅

図 10.12 は，TTL-インバータを例として，その入力特性の曲線を示した．入力 A の電圧 (横軸) を V_I とし，出力 F の電圧 (縦軸) を V_O とした．入力電圧が 0 から V_{IL} までは，出力電圧は約 4 [V] と一定になり，出力は H-レベル ($F = 1$) に対応する．この出力電圧を V_{OH} と表す．入力電圧がさらに増加すると，ある電圧を越える点で出力は L-レベルに反転する．この反転する点の入力電圧を V_{TH}，対応する出力電圧を V_{OT} と表し，V_{TH} を**しきい値電圧** (threshold voltage) という．TTL では，$V_{TH} \sim 1.4$ [V]，$V_{OT} \sim 2.0$ [V] である．入力電圧が V_{IH} 以上になると，出力電圧は一定になり，出力は L-レベル ($F = 0$) を保つ．この出力電圧を V_{OL} と表す．

出力電圧を V_{OL} 以下，または V_{OH} 以上になるようにすると，出力の論理レベルは L-レベルまたは H-レベルが保たれる．この出力電圧の差 $V_{OH} - V_{OL}$ を**論理振幅** (logic swing) という．入力，出力電圧をそれぞれ V_I, V_O としてまとめると，

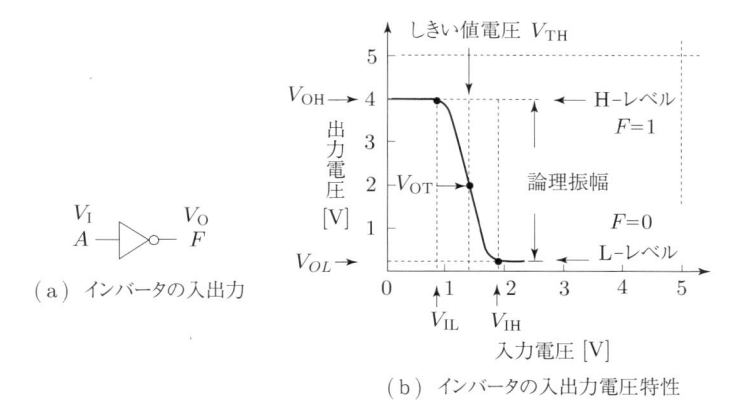

(a) インバータの入出力

(b) インバータの入出力電圧特性

図 10.12 理論振幅

$$V_I < V_{IL} \quad \rightarrow \quad V_O = V_{OH} = 4.0 \text{ [V]}, \quad F = 1$$
$$V_{IL} < V_I < V_{TH} \quad \rightarrow \quad V_{OT} < V_O < V_{OH}, \quad F = 1$$
$$V_{TH} < V_I < V_{IH} \quad \rightarrow \quad V_{OL} < V_O < V_{OT}, \quad F = 0$$
$$V_{IH} < V_I \quad \rightarrow \quad V_O = V_{OL} = 0.2 \text{ [V]}, \quad F = 0$$

図の例では，$V_{OH} = 4$ [V]，$V_{OL} = 0.2$ [V] なので，論理振幅は $V_{OH} - V_{OL} = 3.8$ [V] となる．

10.3.2 雑音余裕

図 10.13 に示すように同種類のゲート G_1，G_2，例えばインバータを接続し，G_1 の出力 V_O^1 を G_2 に入力する場合，G_1 の出力に雑音が混入して G_2 の出力 V_O^2 が誤動作を起こすことがある．このような誤動作を避けるための範囲は，H–レベルでは雑音信号の大きさが $V_{NH} = V_{OH}(\min) - V_{IH}(\min)$ 以下，L–レベルでは $V_{NL} = V_{IL}(\max) - V_{OL}(\max)$ 以下であればよい．この許容電圧範囲を**雑音余裕** (noise margin) という．雑音余裕の大きい IC は，雑音に強いといえる．

74 シリーズ LS タイプ (インバータ) の例では，入力電圧 V_{IL}，V_{IH} と出力電圧 V_{OL}，V_{OH} の規格値を上限 (max)，下限 (min) で表すと，数値はつぎのように与えられる．

$$V_{IL} < V_{IL}(\max) = 0.8 \text{ [V]}, \quad V_{IH}(\min) = 2.0 \text{ [V]} < V_{IH}$$
$$V_{OL} < V_{OL}(\max) = 0.5 \text{ [V]}, \quad V_{OH}(\min) = 2.7 \text{ [V]} < V_{OH}$$

この例での雑音余裕は，$V_{NH} = 0.7$ [V]，$V_{NL} = 0.3$ [V] ある．CMOS では，V_{NH}，V_{NL} はおおよそ同じ程度の大きさである．

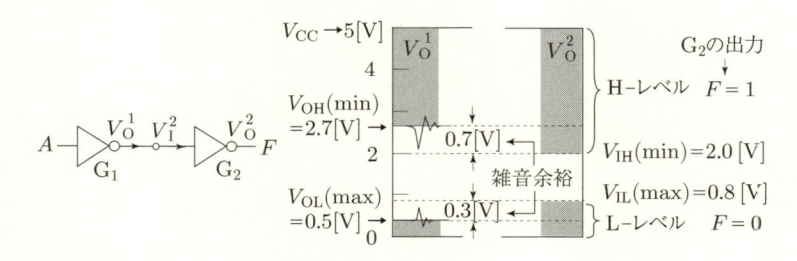

図 10.13 雑音余裕

10.3.3 伝搬遅延時間

ゲート回路に図 10.14 のような波形の信号を入力すると，出力信号波形は多少変形され出力される．また，出力信号は入力信号からわずかであるが遅れて出力される．

この時間的遅れを図 10.14 に示すように T_1, T_2 の平均値 T_{pd}

$$T_{\mathrm{pd}} = \frac{T_1 + T_2}{2}$$

と表し，**伝搬遅延時間** (propagation delay time) という．ここで，T_1, T_2 は入出力信号の波高値の 50％における時間をとる．TTL では，伝搬遅延時間は $T_{\mathrm{pd}} < 10$ [ns] で，最近の CMOS では $T_{\mathrm{pd}} \sim 1$ [ns] 以下の IC が開発されている．多段ゲートの接続回路を組み立てるときには，1 台のゲートの T_{pd} が小さくても全体で大きな時間的遅れを生じるので，注意が必要である．また，同一機能のゲートでも遅延時間にばらつきがあり，誤動作の原因になることがある．

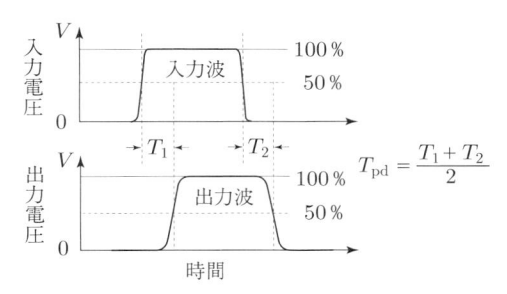

図 10.14 伝搬遅延時間

10.3.4 ファンインとファンアウト

図 10.15 に示すように，ゲートに接続できる最大入力端子数を**ファンイン** (fan in) といい，その出力端子に負荷として接続できる最大ゲート数を**ファンアウト** (fan out) という．いま，図に示すように初段ゲートの出力を複数のゲートに入力すると，電流の流れる方向は，矢印で示すように H–レベルと L–レベルでは逆になる．初段ゲートの最大許容出力電流を H–レベルで I_{OH}，L–レベルで I_{OL} とし，次段のゲートの最大入力電流を H–レベルで I_{IH}，L–レベルで I_{IL} と表すと，

$$\text{ファンアウト数 } N_{\mathrm{F}} = I_{\mathrm{OH}}/I_{\mathrm{IH}}, \quad \text{または} \quad I_{\mathrm{OL}}/I_{\mathrm{IL}}$$

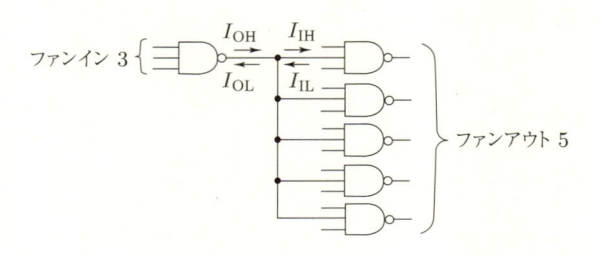

図 10.15 ファンインとファンアウト

の小さい方の値で与えられる．TTL では，H–レベルで最大許容出力電流 $I_{OH} = -400$ [μA] まで流出可能で，入力側の流入電流は 1 ゲートあたり $I_{IH} = 20$ [μA] なので $I_{OH}/I_{IH} = 20$．また，L–レベルでは最大許容出力電流 $I_{OL} = 8$ [mA] まで流入可能で，入力側の流出電流は 1 ゲートあたり $I_{IL} = -0.4$ [mA] なので $I_{OL}/I_{IL} = 20$ となるため，ファンアウト数 $N_F = 20$ で 20 個のゲートの接続が可能である．それ以上のゲートを接続すると許容電流を越えるので，H–レベルで電圧降下，L–レベルで電圧上昇が起こり，動作不安定になる恐れがある．

CMOS の場合は，出力電流 $I_{OL} = 4$ [mA]，入力電流 $I_{IL} = 0.1$ [μA] なので，電流値の制限からは $N_F = 4000$ と非常に大きくなるが，あまり多くのゲートを接続すると，浮遊容量が大きくなり出力波形の歪みが生じるので，避けた方がよい．

10.4 出力結合

論理回路の設計において，多数のゲート回路の出力を結合して，その出力の AND または OR 状態を次段論理回路に入力する場合がある．これを一般に，出力結合という．

10.4.1 ワイヤード AND とワイヤード OR

論理回路の出力 F_1，F_2 を直接結合するだけで，AND または OR の機能をもたせることができる．前者を**ワイヤード AND**，後者を**ワイヤード OR** といい，その記号を図 10.16 に示す．

図 10.17 (a) に 2 個の NAND ゲートの出力を直接結合してワイヤード AND

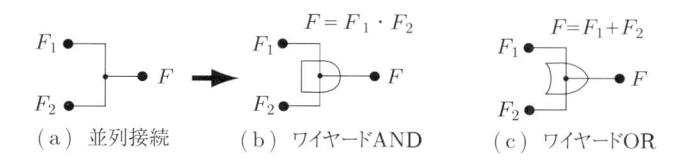

図 10.16 ワイヤード AND とワイヤード OR

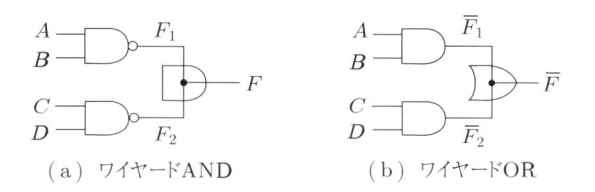

図 10.17 NAND ゲート出力のワイヤード AND とワイヤード OR

を構成する例を示す．この例では，NAND の出力 F_1, F_2 がともに H–レベルのときのみ，出力 F は H–レベルになり，その他の F_1, F_2 では L–レベルになり，F_1, F_2 からみるとワイヤード AND に対応する．これを $F_1 = \overline{AB}$, $F_2 = \overline{CD}$ を用いてつぎのように表すことができる．

$$F = \overline{AB} \cdot \overline{CD} \tag{10.1}$$

$$= F_1 \cdot F_2 \qquad (\text{ワイヤード AND}) \tag{10.2}$$

一方，式 (10.2) を否定してド・モルガンの定理を適用すると，

$$\overline{F} = \overline{F_1 \cdot F_2} \tag{10.3}$$

$$= \overline{F_1} + \overline{F_2} \qquad (\text{ワイヤード OR}) \tag{10.4}$$

$$= AB + CD \tag{10.5}$$

$\overline{F_1}(=AB)$ と $\overline{F_2}(=CD)$ の和として表されるので，ワイヤード AND は負論理ではワイヤード OR に対応する．

10.4.2 トーテムポール方式

図 10.9 の TTL の出力段は，2 個のトランジスタ T_3, T_4 を縦接続するトーテムポール出力方式である．この出力方式は高速スイッチングで安定した動作を得ることができ，一般的な IC の出力方式として用いられる．

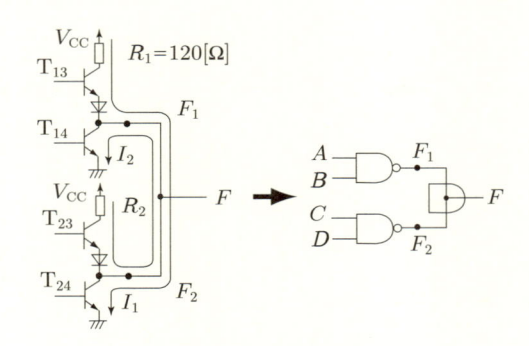

図 10.18 トーテムポール方式

　この出力トーテムポールは図 10.18 に示すように，ワイヤード AND として並列結合すると，つぎのような問題が生じる．トランジスタ T_{13}, T_{23} がともにオンか，T_{14}, T_{24} がともにオンのときには，次段ゲートからの電流の流出，流入は正常である．一方，T_{13} オン，T_{23} オフ，T_{14} オフ，T_{24} オンのときは，図 10.9 に示すように，過電流 $I_1 \sim 50$ [mA] がコレクタ抵抗 $R_1 = 120$ [Ω] とオン状態の T_{13}, T_{24} を通して接地へと流れる．逆に，T_{13} オフ，T_{23} オン，T_{14} オン，T_{24} オフのときも，同様にオン状態の T_{14}, T_{23} を通して過電流 $I_2 \sim 50$ [mA] が流れるので，トランジスタを破損する恐れがある．そのため，TTL のトーテムポール出力の並列結合はそのままでは使用することができない．

10.4.3　オープンコレクタ方式

　前節で述べた TTL のトーテムポール出力の並列結合の問題を避けるため，図 10.19 に示すような TTL 出力の並列結合方式が開発された．この方式を**オープンコレクタ (open collector) 方式**という．

　この方式は，トーテムポール方式における T_{13}, T_{23} を取り除き T_{14}, T_{24} のコレクタを開放し，コレクタから出力を取り出し並列結合し，ワイヤード AND を構成する．コレクタは開放なので，図に示すようにプルアップ抵抗 R を外づけにする．T_{14}, T_{24} には電流容量の大きなトランジスタを使用し，T_{14} または T_{24} がオンのときはプルアップ抵抗 R による電圧降下で F は L–レベル，T_{14}, T_{24} がともにオフのときは電流の次段ゲートへの流出が少ないので，R による電圧降下は小さく F は H–レベルを保つ．

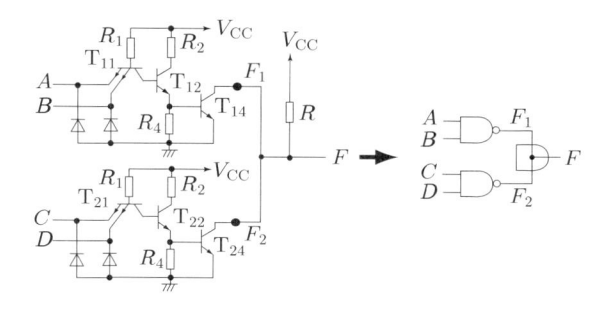

図 10.19 オープンコレクタ方式

10.4.4 トライステート方式

これまで取り扱ってきたゲートの入出力状態は，ともに H–または L–レベルの 2 状態であるが，新たに制御入力を用いて，ゲートの出力が **H**，**L** とハイインピーダンス (high impedance：Hi-Z) の 3 状態をもつゲートがある．このゲートを**トライステート** (tri-states，three-states) という．図 10.20(a) に 4 種類のトライステートの回路記号を示した．ここで，入力は A で，制御入力は C_0，4 種類のゲートの出力を F_1，F_2，F_3，F_4 とした．ゲート F_1，F_2 の制御入力は，H–アクティブで，ゲート F_3，F_4 の制御入力は L–アクティブとして示した．

この 4 種類のゲートの真理値表をまとめて表 10.4 に示す．ここで，ハイインピーダンス Hi-Z はゲート出力が次段ゲートの入力に接続されていても，電流の流入も流出も起こらない遮断された状態を意味する．

トライステート出力の並列結合の例を (b) に示す．この接続は，必要な制御入力 C_0 の一つのみをアクティブにし，その他はすべて Hi-Z にして使用する．それで，A，B，C，D のいずれか一つのデータを次段ゲートに入力させるの

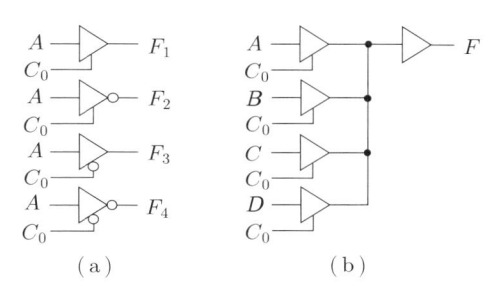

図 10.20 トライステート方式

表 10.4 トライステート出力の真理値表

A	C_0	F_1	F_2	F_3	F_4
0	0	Hi-Z	Hi-Z	0	1
1	0	Hi-Z	Hi-Z	1	0
0	1	0	1	Hi-Z	Hi-Z
1	1	1	0	Hi-Z	Hi-Z

で，この出力結合はワイヤード OR の機能をもつ．しかし，2 個以上の C_0 が同時にアクティブになると回路を破壊する恐れがあるので，完全な OR 機能とはいえない．

10.5 ディジタル回路の製作

実際に IC を用いて回路を製作するには，IC の型番や IC の内部回路構造を知る必要がある．ここでは，これらの基礎的な項目と簡単な IC を用いての回路製作について述べる．

10.5.1 標準ロジック IC

ゲート，カウンタなど標準的な論理回路を組み込んだ IC を**標準ロジック IC** といい，ディジタル回路製作に広く使われている．標準ロジック IC は，国内外の半導体メーカで生産されている．一般的に広く使われている IC の型番は，最初に米国テキサスインスツルメンツ社が開発したスタンダード TTL74 シリーズをもとに，各社共通に図 10.21 のように与えられている．

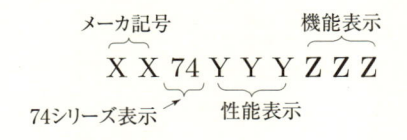

$$\underbrace{X\,X}_{\text{74シリーズ表示}}\,74\,\underbrace{Y\,Y\,Y}_{\text{性能表示}}^{\text{メーカ記号}}\,\underbrace{Z\,Z\,Z}_{}^{\text{機能表示}}$$

図 10.21 74 シリーズロジック IC の型番名称

ここで，XX はメーカ記号，YYY は IC の性能，ZZZ は機能を表示する．表 10.5 に型番表示の例を示した．たとえば SN7400 は，XX=SN でメーカは TI 社 (テキサスインスツルメンツ社)，YYY=(表記なし) で標準 TTL，ZZZ=00 で 2 入力 NAND ゲートを 4 個内蔵の IC である．HD74HC00 は日立製作所製の高速 CMOS の 2 入力 NAND を 4 個内蔵する IC である．

表 10.5　74 シリーズロジック IC の型番表示の例

XX	YYY	ZZZ
SN：TI 社	表記なし：標準 TTL	00：2 入力 NAND ×4
HD：日立製作所	S：ショットキー TTL(S-TTL)	04：2 入力 NOT ×6
TC：東芝	LS：低消費電力 S-TTL(LS-TTL)	08：2 入力 AND ×4
μPD：日本電気	AS：上級 S-TTL(AS-TTL)	32：2 入力 OR ×4
MC：モトローラ	ALS：上級 LS-TTL(ALS-TTL)	73：JK-FF ×2
	F：FAST(高速)-TTL(F-TTL)	74：D-FF ×2
	HC：高速 CMOS	86：2 入力 ExOR ×4
	AC：上級 CMOS	

10.5.2　IC の形状と内部回路構造

ディジタル IC の形状は，多岐にわたっている．大きく分けると，プリント基板の穴に挿入するリード挿入形と，プリント基板表面に装着する表面実装形である．図 10.22 にリード挿入形の IC の形状を示した．(a) は 14 ピンの DIP 形 IC で，ピン番号は上面よりみて IC の目印を基準に 1～14 番までであり，7 番は接地 (GRD)，14 番は電源 (V_{CC}) に指定されている．

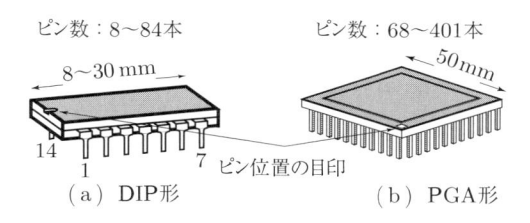

図 10.22　ディジタル IC パッケージ (リード挿入形)

(b) は PGA 形の IC で，サイズは，50×50 mm の正方形である．ピン数が 68～401 本と多いのが特長である．最近では，ノートパソコンにみられる薄くてリード線のさらに多い QFP (Q フラット・パッケージ) が多く使用されている．

図 10.23 には，74 シリーズのディジタル IC を例として，ピン配置と内部ゲートの関係を示した．IC の 7408 は 2 入力 AND ゲートが 4 個，IC の 7432 は 2 入力 OR ゲートが 4 個，IC の 7400 は 2 入力 NAND ゲートが 4 個，7404 は 6 個の NOT ゲートが実装されている．

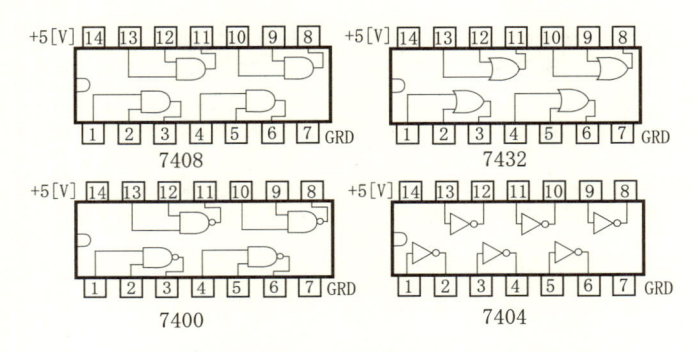

図 10.23 ディジタル IC の内部回路

10.5.3 NAND 構成回路

標準ロジック IC を用いて下記の論理式の回路設計配線図を作成する例を示す.
$$F = AB + C$$
ここでは, 2 入力 NAND ゲートを 4 個装入した IC74LS00 (ショットキートランジスタ・低電力タイプ) を用いて構成することにする. まず, 使用する IC は NAND ゲートのみなので, 論理式を二重否定してつぎの NAND 構成の式に変形する.
$$F = AB + C = \overline{\overline{AB + C}} = \overline{\overline{AB} \cdot \overline{C}}$$
$\overline{C}$ は $\overline{C} = \overline{C \cdot C}$ と表すことができるので, この論理式は 3 個の NAND で回路化できる. その回路を図 10.24(a) に示す. ここで, 回路に記された数値は接続される IC のピン番号を示す. (b) に IC の回路配線図を示す. 使用する IC はボード上に設置し, 完成した配線図に従って配線する. ここで, IC のピン 7 番

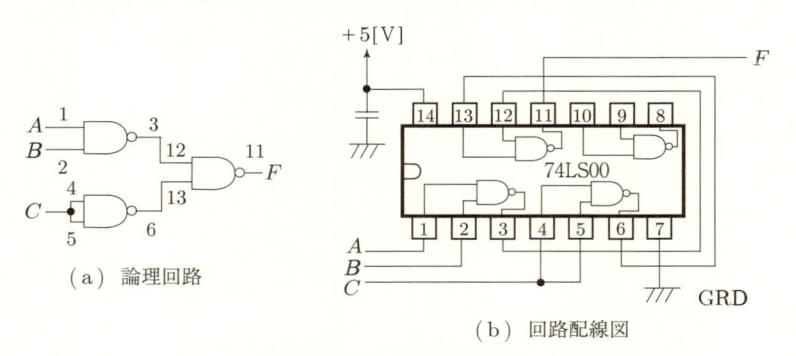

図 10.24 NAND 構成回路

は接地 (GRD), 14 番は 5 [V] 電源で外部より供給する. 実際の回路製作では, ピン 14 の電源と接地間には適切な容量のバイパスコンデンサを入れ, 電気信号入力時に発生するスパイク電流を避けるようにする.

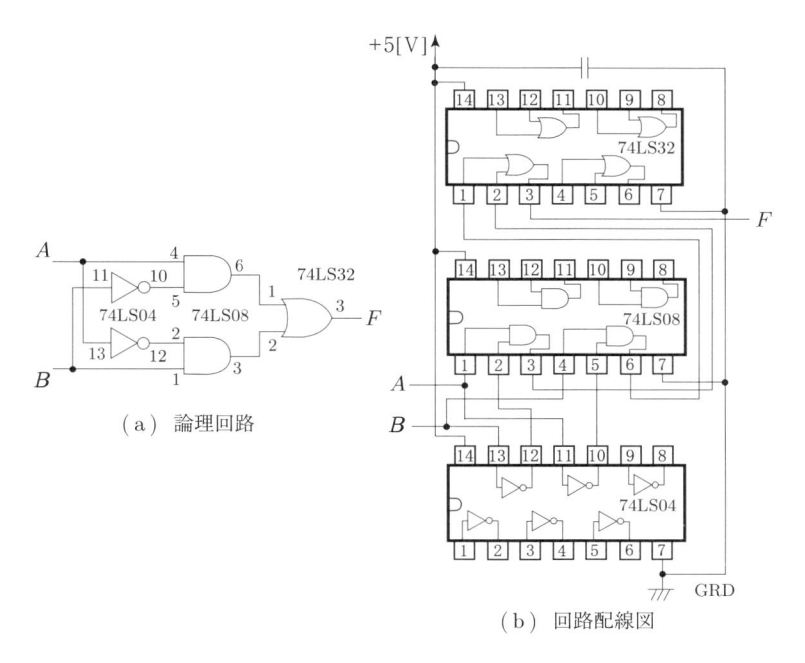

10.5.4 ExOR ゲート

ExOR ゲートは半加算回路などに用途があるゲートで, 種々の構成方法がある. ここでは, AND, OR, NOT 構成の ExOR 回路の設計配線について説明する.

ExOR ゲートの論理式は

$$F = A \cdot \overline{B} + \overline{A} \cdot B$$

で与えられる. このゲート回路は図 10.25(a) で表され, AND, OR, NOT で構成できることを示す.

AND, OR, NOT ゲートとし 2 入力 IC の 74LS04, 74LS08, 74LS32 を用いる. (b) に ExOR ゲート回路と IC 間の配線図を示す. 回路には各 IC の接続

図 10.25 ExOR ゲート

ピン番号をつけた．ICをボード上に配置し，完成した配線図に従って配線する．ここでも，信号入力時に発生するスパイク電流を回避するためにバイパスコンデンサを挿入した．

演習問題

10.1 TTL，CMOSの特性について簡単に述べなさい．

10.2 TTLの特性を表す表10.2より，74LS04の特性は

$$V_{IL}(\max) = 0.8 \,[V], \quad V_{IH}(\min) = 2.0 \,[V]$$
$$V_{OL}(\max) = 0.5 \,[V], \quad V_{OH}(\min) = 2.7 \,[V]$$

で与えられる．H–レベル，L–レベルの雑音余裕 V_{NH}, V_{NL} を求めなさい．

10.3 CMOSの特性を表す表10.3より，74HC04の特性は

$$V_{IL}(\max) = 0.9 \,[V], \quad V_{IH}(\min) = 3.15 \,[V]$$
$$V_{OL}(\max) = 0.36 \,[V], \quad V_{OH}(\min) = 3.94 \,[V]$$

で与えられる．H–レベル，L–レベルの雑音余裕 V_{NH}, V_{NL} を求めなさい．

10.4 TTLの特性を表す表10.2より，74LS04の特性は

$$I_{IL}(\max) = -0.4 \,[mA], \quad I_{IH}(\min) = 20 \,[\mu A]$$
$$I_{OL}(\max) = 8 \,[mA], \quad I_{OH}(\min) = -400 \,[\mu A]$$

で与えられる．74LS04を基準入力として，74LS04のH–レベル，L–レベルでのファンアウトを求めなさい．

10.5 2入力NANDゲートIC74LS00を用いて，図10.26のExORの回路の配線をしなさい．電源は外部より供給されているとする．

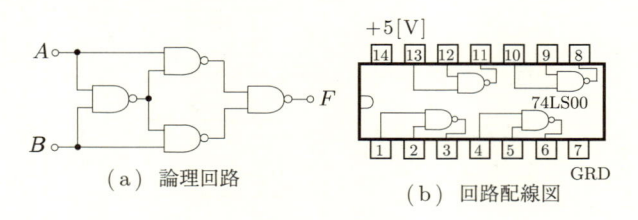

(a) 論理回路　　(b) 回路配線図

図 10.26

第11章

アナログ-ディジタル変換

第1章で述べたように，音響や画像などのアナログ入力信号はディジタル変換して種々の処理をするが，最後は，逆にアナログ量に変換して音響，画像として出力する．そのため，**アナログ-ディジタル変換**は，ディジタル回路の重要な基礎項目の一つである．

ディジタル→アナログ変換器を **D/A 変換器** または **DAC** (digital-to-analog converter)，アナログ→ディジタル変換器を **A/D 変換器** または **ADC** (analog-to-digital converter) とよぶ．この DAC, ADC 回路では，IC 化された**演算増幅回路** (operational amplifier) が重要な役割を担っている．ここでは，この演算増幅回路の基本特性と DAC, ADC の基本構成，種類等について解説する．

11.1 演算増幅回路

演算増幅回路は**オペアンプ** (OP-amp) ともよばれ，初期の段階ではアナログ計算機の分野で開発された電子回路である．増幅度が無限大とみなせる程大きい増幅器で多様な用途をもつことから，IC 化されて量産され，今日の電子回路に欠かせない存在となっている．

11.1.1 反転増幅回路

反転増幅回路は，もっとも一般的に使用されている演算増幅回路の一つで，回路を図 11.1 に示す．演算増幅回路は三角記号 (▷) で表され，入力端子は反転入力 "−" と非反転入力 "+" の二つがある．反転増幅回路は，出力端子より抵抗 R_f を介して反転入力端子 "−" に接続する負帰還回路を構成している．

オペアンプは，その特性の一つとして無限大に近い増幅度 G をもつ．"−",

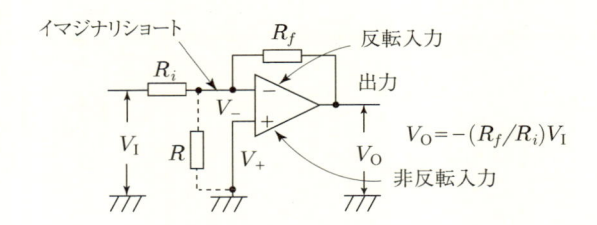

図 11.1 反転増幅回路

"+" の端子電圧を V_-, V_+ とすると，出力 V_O は有限値であり，

$$V_O(\text{有限}) = -G(\approx \text{無限大}) \cdot (V_- - V_+)(\text{無限小})$$

の関係を保つので，電位差は $V_- - V_+ \approx 0$ [V] になる．この回路では，V_+ は接地されているので，$V_- \approx V_+ = 0$ [V] になる．この V_- を**イマジナリショート** (imaginary short) という．入力電圧 V_I を加えると，抵抗 R_i に電流 V_I/R_i が流れる．この電流は R_f にも流れるので，V_O は次式で与えられる．

$$V_O = -\frac{V_I}{R_i} \cdot R_f = -\frac{R_f}{R_i} \cdot V_I \tag{11.1}$$

この式より，増幅度は $V_O/V_I = -(R_f/R_i)$ で与えられ，V_O は反転されて出力されるので，反転増幅回路とよばれる．また，このオペアンプのイマジナリショートの特性より，出力 V_O の関係式 (11.1) は，"−" 端子・接地間に挿入された抵抗 R (図の点線部) に無関係に成立する．使用される抵抗 R_i, R_f は通常数十 [kΩ] から数百 [kΩ] の値のもので，用いる抵抗により任意の増幅度が得られる．

11.1.2 比較回路と積分回路

比較回路は**コンパレータ** (comparator) ともいわれ，オペアンプに直接 V_-, V_+ を入力する．図 11.2(a) に比較回路とその特性を示した．比較回路には $+V$, $-V$ の電源電圧を記入してあるが，その電圧絶対値は異なってもよく，特に必要でなければ省略してもよい．

オペアンプは増幅度が非常に大きいので，比較回路では V_- が V_+ より少しでも低いと，出力は瞬時に飽和して $+V$, V_- が V_+ より少しでも高いと $-V$ の一定電源電圧値になる．その特性を (a) に示した．この出力を瞬時に $\pm V$ に変化する回路特性がアナログ → ディジタル変換に用いられる理由である．

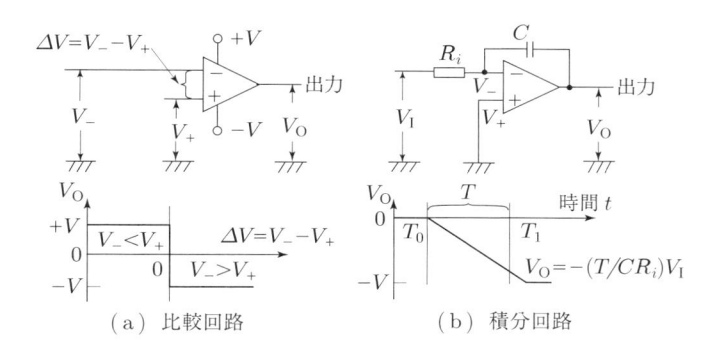

図 11.2 比較回路と積分回路

積分回路 (integral circuit) はオペアンプと抵抗 R_i, コンデンサ C で構成される回路である．(b) にこの回路と特性を示す．この回路では，入力電圧 V_I と出力電圧 V_O の間にはつぎに示す関係が成り立つ．

$$V_O = -\frac{1}{C}\int_{T_0}^{T}\frac{V_I}{R}dt = -\frac{1}{CR}\cdot V_I(T-T_0) \tag{11.2}$$

時間 $T = T_0$ で一定電圧 V_I を入力すると，出力電圧 V_O は V_I と時間 T に比例し，$V_O = -V$(電源電圧) まで線形的に増加する．この線形部分がアナログ → ディジタル変換に用いられる．

11.1.3 サンプルホールド回路

アナログ信号をディジタルに変換するとき，変換中にアナログ信号の電圧が変化し，変換されるディジタル信号に誤差を生じることがある．このような誤差を最小限にするため，アナログ信号の瞬時値を抜き出し標本化 (これをサンプリングという) し，変換時間だけ保持 (ホールド) する回路を**サンプルホールド回路** (sample hold circuit) または **S/H 回路**という．

S/H 回路には，基本サンプルホールド回路，帰還形 S/H 回路，積分形 S/H 回路があり，いずれもオペアンプ，スイッチ，コンデンサで構成されている．アナログ信号をサンプリングする時間は，スイッチの ON，OFF により設定される．ここでは，これらの回路図は省略し，回路記号を示す．

基本 S/H 回路は，独立に帰還をかけた 2 個のオペアンプをスイッチを介して直列に接続した回路で，無帰還形 S/H 回路ともいわれる．高速だが精度はあまり高くはなく，主としてビデオ用に使われる．帰還形 S/H 回路は，前段と後段

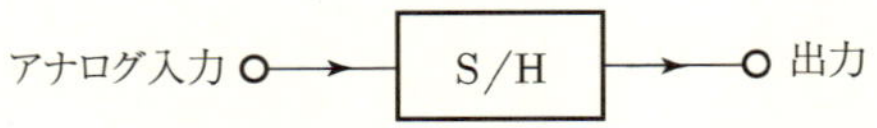

アナログ入力 ○―→ □ S/H □ ―→○ 出力

図 11.3 S/H 回路記号

のオペアンプに帰還をかけたタイプで，ビデオ，コンピュータなどの高速用に適している．積分形 S/H 回路は，積分回路を利用した回路で，精度が高くオーディオ用として用いられている．アナログ信号は，これらの S/H 回路に入力され，A/D 変換される．

11.2 D/A 変換器

D/A 変換器または DAC は，計測制御やディジタルオーディオの再生用などに幅広く使用されている．D/A 変換器には，重み抵抗形や R-2R 形 D/A 変換器がある．ここでは，これらの D/A 変換器について解説する．D/A 変換器が高精度を要求される計測制御回路などに用いられる場合には，ゼロ点のずれ (オフセット誤差)，入力ディジタル信号と出力信号の非線形性 (非線形性誤差) などに注意する必要があるが，ここでは触れないことにする．

11.2.1 重み抵抗形 D/A 変換器

重み抵抗形 D/A 変換器は，原理がもっとも簡単な D/A 変換器で，その回路を図 11.4 に示す．n ビットのディジタル入力 $(b_0, b_1, \cdots, b_{n-2}, b_{n-1})$ により，電子回路スイッチ $(S_0, S_1, \cdots, S_{n-2}, S_{n-1})$ を切り換えて抵抗 $(2^{n-1}R, 2^{n-2}R, \cdots, 2^1R, 2^0R)$ に加える電圧を基準電圧 V_r か 0 [V] にし，その出力を反転増幅演算回路に入力する．最下位ビット b_0 に対応する抵抗は $2^{n-1}R$ で，最上位ビット b_{n-1} に対応する抵抗は 2^0R である．スイッチとディジタル入力は $b_i = 1 \to S_i$ は ON (基準電圧 V_r に接続)，$b_i = 0 \to S_i$ は OFF (接地 = 0 [V]) として用いる．

この抵抗回路網で，$b_0 = 1$，他の $b_i = 0$ とすると，スイッチ S_0 のみ ON で電圧が V_r になり，他の S_i は接地される．図 11.1 の反転増幅回路に対応させると，

$$V_I = V_r, \quad R_i = 2^{n-1}R, \quad R_f = \frac{R}{2}$$

になる．他の抵抗は，図 11.1 の点線の R に対応し，出力に無関係になる．式 (11.1) より，出力電圧 V_O は

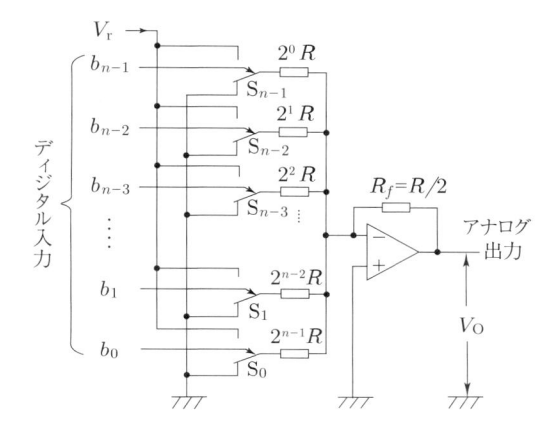

図 11.4 重み抵抗形 D/A 変換器

$$V_\mathrm{O} = -(R_f/R_i)V_\mathrm{I} = -(R/2)/(2^{n-1}R)V_\mathrm{r} = -\frac{1}{2^n}V_\mathrm{r}$$

で与えられる．同様に，他のスイッチが 1 個のみ ON のときも，出力電圧は対応する抵抗と R_i の比と V_r の積で与えられる．**重ね合わせの理** (参考文献 [15] 参照) を適用すると，複数個のスイッチ ON のときの出力電圧は，個々のスイッチ ON の出力の和で与えられるので，出力電圧 V_O は

$$\begin{aligned}V_\mathrm{O} &= -\left\{\frac{(R/2)b_{n-1}}{2^0 R} + \frac{(R/2)b_{n-2}}{2^1 R} + \cdots + \frac{(R/2)b_1}{2^{n-2}R} + \frac{(R/2)b_0}{2^{n-1}R}\right\}V_\mathrm{r} \\ &= -\left\{\frac{b_{n-1}}{2^1} + \frac{b_{n-2}}{2^2} + \cdots + \frac{b_1}{2^{n-1}} + \frac{b_0}{2^n}\right\}V_\mathrm{r} \quad (11.3)\end{aligned}$$

と与えられる．ディジタル入力が $(0,0,\cdots,0,0,1)$ のとき，アナログ出力は $V_\mathrm{O} = -1(V_\mathrm{r}/2^n)$，すべてが "1" のとき $V_\mathrm{O} = -(2^n-1)(V_\mathrm{r}/2^n)$ となり，アナログ出力は最小単位 $(V_\mathrm{r}/2^n)$ のステップで変化する．この重み抵抗形 DAC は回路は簡単であるが，MSB と LSB の重み用抵抗値の比がきわめて大きくなるので，桁数の大きなディジタル入力には抵抗値の選択に注意が必要である．

11.2.2 R-2R 形 D/A 変換器

R-2R 形 D/A 変換器は，抵抗値が R と $2R$ の 2 種類のみのはしご抵抗方式で構成される D/A 変換器である．抵抗回路網の機能は重み抵抗形 D/A 変換器と同じであるが，重み抵抗形 D/A 変換器のような多数の抵抗値を必要とせず，桁

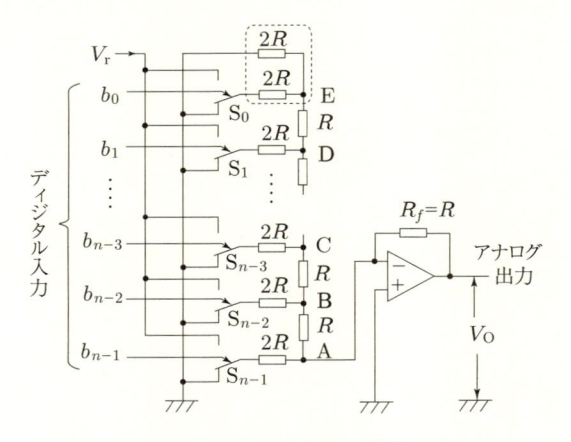

162 第 11 章 アナログ-ディジタル変換

図 11.5 R-2R 形 D/A 変換器

数の多い高精度の DAC に使用されている．図 11.5 に回路構成を示す．

　重み抵抗形 DAC と同様に，入力ビット $b_i = 1, 0$ はスイッチ S_i の ON, OFF に対応させる．まず，S_{n-1} は ON，他の S_i は OFF とすると，S_{n-1} の電圧は基準電圧 V_r になり抵抗 $2R$ と A 点を通して反転増幅器の "−" 端子に接続されている．"−" 端子がイマジナリショートのため，他の抵抗には無関係に式 (11.1) の $V_I = V_r$, $R_i = 2R$, $R_f = R$ となり，出力電圧 V_O はつぎのように与えられる．

　　$b_{n-1} = 1$ のみの場合：$V_O = -(R_f/R_i)V_I = -(R/2R)V_r = -(1/2)V_r$

　S_{n-2} は ON，他の S_i は OFF の場合，出力 V_O を図 11.6 に示す抵抗網の等価回路を用いて求める．E 点からみた点線部の合成抵抗は 2 個の抵抗 $2R$ の並列接続なので R になる．つぎの D 点からみた抵抗も同様に R になる．順次，C 点までの合成抵抗を求めても R になるので，図に示す等価回路が得られる．この等価回路より，B 点の電圧は $V_I = (1/2^2)V_r$（演習問題 11.3 参照）と与えられ，式 (11.1) の R_i は AB 間の抵抗 R で $R_i = R$ となる．$R_f = R$ なので，出力 V_O は

　　$b_{n-2} = 1$ のみの場合：　$V_O = -(R_f/R_i)V_I = -(1/2^2)V_r$

と与えられる．他の場合も同様に B 点の電圧 V_I を求めることができ，出力は

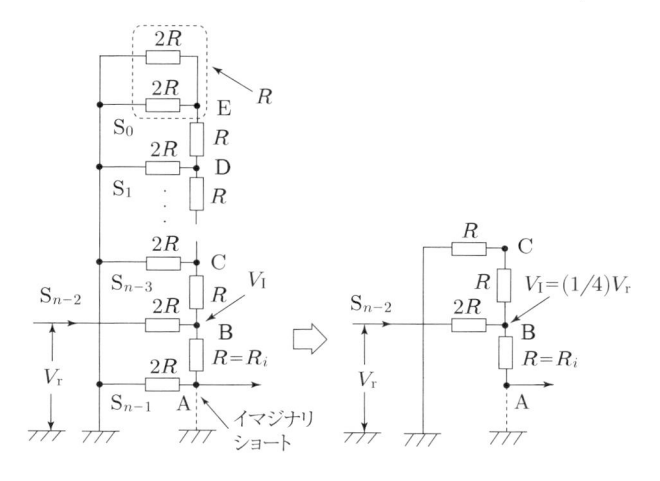

図 11.6 R-2R 形 D/A 変換器の等価回路

$b_{n-3} = 1$ のみの場合：$V_O = -(R_f/R_i)V_I = -(1/2^3)V_r$

$$\vdots$$

$b_1 = 1$ のみの場合　　：$V_O = -(R_f/R_i)V_I = -(1/2^{n-1})V_r$

$b_0 = 1$ のみの場合　　：$V_O = -(R_f/R_i)V_I = -(1/2^n)V_r$

と求めることができる．複数個のスイッチが ON のときは，重ね合わせの理を適用できるので，アナログ出力の一般形は

$$V_O = -\left\{\frac{b_{n-1}}{2^1} + \frac{b_{n-2}}{2^2} + \cdots + \frac{b_1}{2^{n-1}} + \frac{b_0}{2^n}\right\}V_r \tag{11.4}$$

と与えられる．この式は，式 (11.3) と同一なので，この変換器の回路網の機能は重み抵抗形と全く同じであることがわかる．

11.3　A/D 変換器

A/D 変換器 (ADC) は，アナログ信号をディジタルに変換する回路で，ディジタルカメラ，電子温度計など利用範囲は広い．アナログ → ディジタル変換では，オフセット誤差，非線形性誤差の他に，アナログ電圧をディジタルの最小単位 LSB で振り分ける電圧 (分解能) や，ディジタル化で生じる誤差 (量子誤差) なども．A/D 変換器選択の重要な特性パラメータである．

A/D 変換器には多くの変換方式がある．ここでは，比較方式の並列比較形，逐次比較形と，積分方式の二重積分形 A/D 変換器について解説する．

11.3.1 並列比較形 A/D 変換器

n ビットの並列比較形 A/D 変換器は，$(2^n - 1)$ 個の比較回路と 2^n 個の抵抗 R で構成される．その回路を図 11.7 に示す．基準電圧 V_r を 2^n 個の抵抗 R で分割し，j 番目の比較回路の分割電圧を $V_{rj} = (j/2^n)V_r$ とする．回路は，この分割電圧と入力アナログ信号を比較し，その比較回路の出力 D_j をディジタル信号 $B = (b_{n-1}, b_{n-2}, \cdots, b_1, b_0)$ に変換して出力する．比較回路の "+" 端子にはアナログ信号 V_I，"−" 端子には分割電圧 V_{rj} を入力すると，$V_I < V_{rj}$ のとき出力 $D_j = 0$，$V_I > V_{rj}$ のとき出力 $D_j = 1$ が得られる．

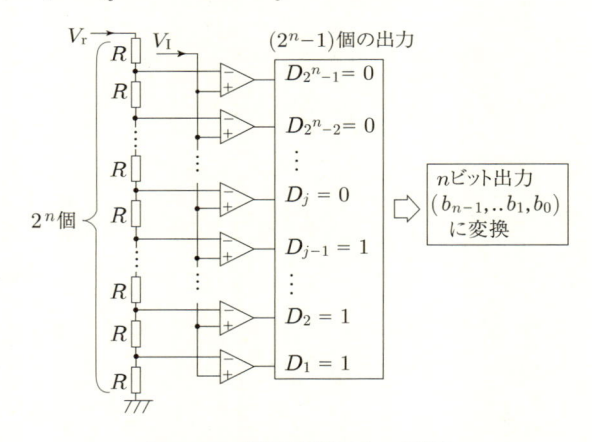

図 11.7 並列比較形 A/D 変換器

入力が $V_{rj} > V_I > V_{rj-1}$ のとき出力は $(D_{2^n-1}, \cdots, D_j, D_{j-1}, \cdots D_1, D_0) = (0, \cdots, 0, 1, \cdots, 1, 1)$ となる．すべての D_j が "0" のとき，アナログ信号は $V_I < V_r/2^n$ で，ディジタル出力 $B = (b_{n-1}, b_{n-2}, \cdots, b_1, b_0) = (0, 0, \cdots, 0, 0)$ に対応する．すべての D_j が "1" のとき，アナログ信号は $V_I > V_r(2^n-1)/2^n$ で，$B = (1, 1, \cdots, 1, 1)$ に対応する．このような D_j から $(b_{n-1}, b_{n-2}, \cdots, b_1, b_0)$ に変換するには，プライオリティエンコーダが必要になる．

この A/D 変換器は，アナログ信号を分割電圧と瞬時に比較判定できる超高速タイプの変換器で，**フラッシュ ADC** (flash ADC) ともよばれ，高速アナログパルス波形のディジタル化などに用いられる．また，ビット数が大きくなる

と，たとえば，8ビット変換器でも抵抗と比較器はそれぞれ $2^8 = 256$ および $2^8 - 1 = 255$ 個と増大し，エンコーダも複雑化する．

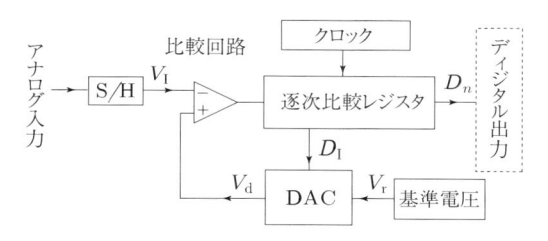

11.3.2 逐次比較形 A/D 変換器

逐次比較形 A/D 変換器は，アナログ入力電圧を DAC の出力電圧を比較しながら，逐次ディジタル値を求めていく方式である．その基本構成を図 11.8 に示す．

図 11.8 逐次比較形 A/D 変換器

変換開始でクロックと同期して，逐次比較レジスタ → DAC → 比較回路 → 逐次比較レジスタと循環し，一巡ごとに 1 ビットずつ最上位桁 (MSB) より最下位桁 (LSB) までの 2 進数データ $D_n, D_{n-1}, \cdots, D_1, D_0$ を逐次出力して変換サイクルを終了する．

4 ビット ADC を具体例として，変換動作過程を図 11.9 に示す．基準電圧を $V_r = 16$ [V]，入力アナログ信号を $V_I = 11.5$ [V] とする．4 巡で変換サイクルを終了する．第 1 サイクルでは，逐次比較レジスタは $D_I = (1000)$ を DAC に入力し，出力 $V_3 = (1/2)V_r = 8$ [V] を得る．この V_3 を比較電圧として入力 V_I と比較回路で比較する．$V_I > V_3$ のときは，逐次比較レジスタの MSB は 1 のまま，出力として $D_3 = 1$ を，$V_I < V_3$ のときは，逐次比較レジスタの MSB を 0 にセットし，出力として $D_3 = 0$ を出力する．この例では，$V_I > V_3$ なので，$D_3 = 1$ を 2 進数データとして出力する．

第 2 サイクルでは，D_I は，$V_I > V_3$ のとき $D_I = (1000) + (0100) = (1100)$，$V_I < V_3$ のとき $D_I = (0000) + (0100) = (0100)$ となる．この例では，$V_I > V_3$ なので，$D_I = (1100)$ になり，DAC 出力の比較電圧は $V_2 = (1/2)V_r + (1/2)^2 V_r = 12$ [V] となる．これと V_I を比較すると $V_I < V_2$ なので，逐次比較レジスタのこの桁を 0 にセットし，出力は $D_2 = 0$ となる．第 3 サイクルでは，$V_I < V_2$ な

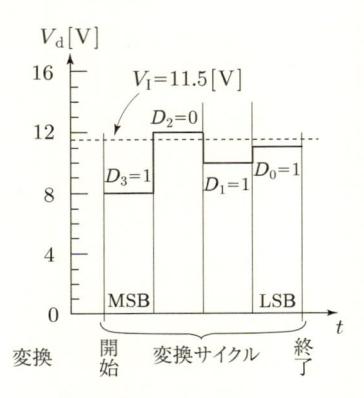

166 第 11 章 アナログ-ディジタル変換

図 11.9 逐次比較形 A/D 変換器の変換動作過程

ので，$D_I = (1000) + (0000) + (0010) = (1010)$ となり，DAC 出力の比較電圧は $V_1 = (1/2)V_r + (1/2)^3 V_r = 10$ [V] となる．これと入力信号と比較すると，$V_I > V_1$ で，$D_1 = 1$ を出力する．第 4 サイクルでも同様に，出力 D_0 を求めると，$D_0 = 1$ となり，変換サイクルを終了する．ディジタル出力は $D = (1011)$ になる．

この方式の A/D 変換器は，比較器が 1 個でよいが，大きなビット数への変換には変換サイクル時間が増大するので，変換速度が低下する．しかし，クロックのタイミングにより MSB から比較決定していくので，外部のクロックとの同期やシリアル出力が可能であり，汎用性のある ADC である．

11.3.3 二重積分形 A/D 変換器

二重積分形 A/D 変換器は，アナログ入力電圧を時間 (または周波数) に変換する方式で，その基本構成を図 11.10 に示す．クロックと制御回路は，積分回路，比較回路と計数の動作時間 T_1，T_2，T_3 を設定するためのスイッチ S_1，S_2 の開閉を制御する．

この A/D 変換器の動作を図 11.11 に示す．最初のリセット状態から，時間 T_1 で積分回路にアナログ入力電圧 V_I を一定時間 ($t_I = T_2 - T_1$) 入力する．時間 T_2 でスイッチ S_2 が切り替り，積分回路に負基準電圧 $-V_r$ を入力する．T_2 における出力を V_m，時間 $t = T - T_2$ における出力 V_O とすると，出力 V_m，V_O は式 (11.2) より，

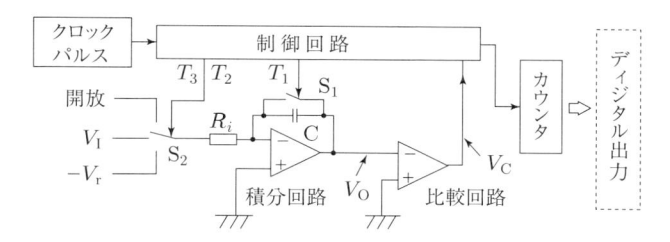

図 11.10 二重積分形 A/D 変換器

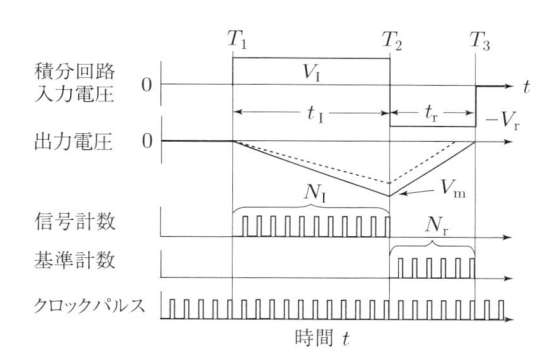

図 11.11 二重積分形 A/D 変換器の動作過程

$$V_\mathrm{m} = -\frac{1}{CR_i} V_\mathrm{I} t_\mathrm{I} \tag{11.5}$$

$$V_\mathrm{O} = V_\mathrm{m} - \frac{1}{CR_i}(-V_\mathrm{r})t = -\frac{1}{CR_i} V_\mathrm{I} t_\mathrm{I} + \frac{1}{CR_i} V_\mathrm{r} t \tag{11.6}$$

で与えられ，V_m は V_I に比例する．$T > T_2$ では，出力 V_O は一定の "+" の勾配 V_r/CR_i で上昇する．"+" に転じる時点 $T = T_3$ で，比較回路は反転信号 V_C を出力する．制御回路はこの信号でスイッチ S_2 を開放し，クロック計数を中止する．$t_\mathrm{r} = T_3 - T_2$ とすると，t_r は次式で与えられる．

$$t_\mathrm{r} = \frac{V_\mathrm{I}}{V_\mathrm{r}} t_\mathrm{I} \tag{11.7}$$

t_I，V_r は一定なので，時間 t_r は入力電圧 V_I に比例する．クロック計数は計測時間に比例するので，t_I のクロック計数を信号計数 N_I，t_r の計数を基準計数 N_r とすると，N_r はクロック計数比でつぎのように与えられる．

$$N_\mathrm{r} = \frac{V_\mathrm{I}}{V_\mathrm{r}} N_\mathrm{I} \tag{11.8}$$

式 (11.8) より，クロック計数 N_r は，アナログ入力電圧 V_I をディジタル変換したものになっている．

式 (11.8) は，C，R などの回路定数に独立なので，回路定数の変動の影響を受けず，原理的に高精度の変換が可能である．しかし，出力ビット数が大きくなると，クロック計数が 2^n で増加し，変換速度は遅くなる．その意味で，この方式の A/D 変換器は低速でも高精度を必要とする場合に適している．

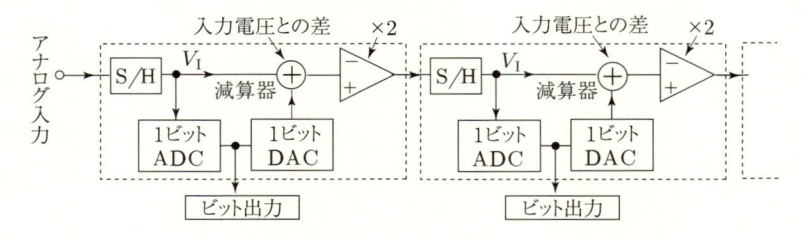

11.3.4　パイプライン形 A/D 変換器

いままで述べてきた A/D 変換器は，アナログ-ディジタル変換の基本動作を理解するためで，第一世代の変換器である．現在では，主にオーディオ分野等で用いられる $\mathit{\Delta}$-$\mathit{\Sigma}$ 形 A/D 変換器や画像処理分野で用いられるパイプライン形 A/D 変換器など種々の変換器が開発されている．ここでは，単純な構成でよく用いられているパイプライン形 A/D 変換器を紹介する．

図 11.12 に示すように，点線部の同一回路を必要な精度 (ビット数) だけパイプライン状に接続した変換器をパイプライン形 A/D 変換器という．点線部の回路では，アナログ信号を S/H 回路に入力し，その出力 V_I を 1 ビット ADC (比較回路) と減算器に入力する．この ADC は，基準電圧の 1/2 以上でビット 1 を，1/2 以下でビット 0 を出力する．この ADC の出力を 1 ビット DAC に入力し，この出力電圧をビット 1 のとき基準電圧の 1/2，ビット 0 のとき 0 [V] に変換して減算器に入力する．減算器では，V_I との差をとり，得られた電圧をオペアンプで正確に 2 倍に増幅して次段の回路に入力する．これを，n 個接続すると，n ビットの ADC が得られる．初段の出力ビットが MSB になる．この変換器は，構成が単純で比較的変換速度が速いため，アナログ画像信号の変換に

図 11.12　パイプライン形 A/D 変換器

演習問題   169

広く用いられている．

演習問題

11.1 A/D 変換器，D/A 変換器の使用例について簡単に述べなさい．

11.2 図 11.13 は，並列比較形 A/D 変換器である．下記に示す入力信号 V_I に対する演算増幅回路の出力電圧 $V_j (j = 1, 2, \cdots, 7, 8)$ を求めなさい．ただし，演算増幅回路の電源電圧は ±5 [V] とする．

    (1) $V_I = 0.1$ [V]
    (2) $V_I = 5.9$ [V]
    (3) $V_I = 8.1$ [V]

11.3 図 11.14 に示す R-2R 形 D/A 変換器の回路網において，

  (1) S_{n-2} のみ V_r に接続したときの B 点の電圧 $V_I = (1/4)V_r$ になることを求めなさい．

  (2) S_{n-3} のみ V_r に接続したときの B 点の電圧 $V_I = (1/8)V_r$ を求めなさい．

11.4 5 ビットの逐次比較形 ADC で，$V_r = 16$ [V]，$V_I = 8.6$ [V] のときのディジタル変換過程を図に示しなさい．

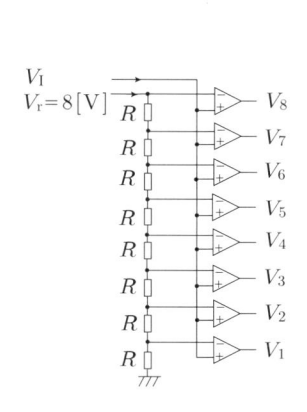

図 11.13　並列比較形 A/D 変換器 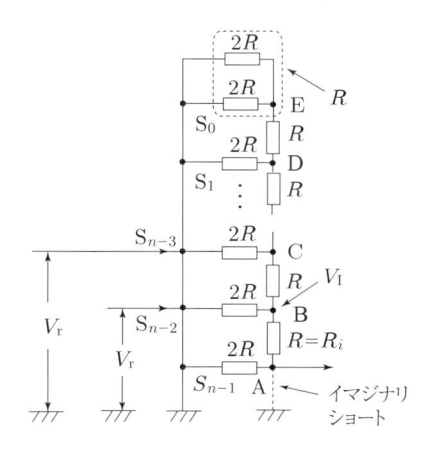　　　**図 11.14**　R-2R 形 D/A 変換器

演習問題解答

第 1 章

1.1 電気回路は，電源回路，送電制御回路から電子回路まで含む電気にかかわる回路を意味する．回路は抵抗，コンデンサ，トランジスタなどの電気回路素子を接続したものである．電子回路は，電気回路の中で特に，トランジスタやダイオードなどの半導体素子を用いた回路を指す．ディジタル回路はディジタル信号を取り扱う電子回路である．

1.2 導体を流れる電流は，負の電荷をもつ電子の移動により発生する．電流は，正電荷の流れとして定義されているので電子と同じ大きさの速度で逆方向に流れる．電子はおよそ光速 $c = 3 \times 10^8$ [m/s] に近い速度で導体中を移動するので，30 [cm] の銅線を移動に要する時間 t は

$$t \approx 0.3 \text{ [m]}/c = 10^{-9} \text{ [s]} = 1 \text{ [ns]}$$

となる．

1.3 アナログ回路：増幅回路，ディジタル回路：カウンタ回路

1.4 (1) 一般のカメラは画像情報を色の濃淡としてフイルム面上に記録 (撮影) するが，ディジタルカメラは，画像を平面状の半導体素子 CCD に投影し色の濃淡を電気信号として記録する．

(2) ビデオテープは，磁気テープに音，映像などの情報をアナログ情報として記録する．ディジタルビデオテープは，同じ種類の磁気テープに "0"，"1" の配列としてディジタル情報を記録する．

第 2 章

2.1 (1) 42 (2) 15 (3) 6.375 (4) 10.625 (5) 1024

2.2 (1) 10111 (2) 1101.11 (3) 0.010110… となり，循環小数が現れる．この

ときは，必要とする桁数まで計算しあとは切り捨てる．
（4） $10000000000 = 2^{10}$ （$2^{10} = 1024 \approx 10^3$） （5） 0.00001

2.3 （1） $(15)_{10} = (1111)_2 = (17)_8 = (F)_{16} = (00010101)_{BCD}$
（2） $(52)_{10} = (110100)_2 = (64)_8 = (34)_{16} = (01010010)_{BCD}$
（3） $(120)_{10} = (1111000)_2 = (170)_8 = (78)_{16} = (000100100000)_{BCD}$
（4） $(254)_{10} = (11111110)_2 = (376)_8 = (FE)_{16} = (001001010100)_{BCD}$
（5） $(511)_{10} = (111111111)_2 = (777)_8 = (1FF)_{16} = (010100010001)_{BCD}$

2.4 1 の補数：（1） 001100 （2） 011111 （3） 000000 （4） 111111
2 の補数：（1） 001101 （2） 100000 （3） 000001 （4） [1]000000

2.5 （1） A の 1 の補数 $= 001100$　　B の 1 の補数 $= 010011$
（2） 減算は補数加算として演算する．補数加算で桁上げが生じたときは最小桁に EAC として加算する．
　（a） 1011111　（b） 000111　（c） −000111　（d） −1011111
（3） A の 2 の補数 $= 001101$　　B の 2 の補数 $= 010100$
（4） 減算は補数加算として演算する．補数加算で桁上げが生じたときは無視する．
　（a） 1011111　（b） 000111　（c） −000111　（d） −1011111

2.6 （1） A, B は 5 桁の 2 進数なので，符号つき 2 進数は 6 桁でつぎのように与えられる．
　$A_+ = 010010$, $A_- = 101101$ （A_+ の 1 の補数）
　$B_+ = 001001$, $B_- = 110110$ （B_+ の 1 の補数）
（2） $A_+ = 010010$, $A_- = 101110$ （A_+ の 2 の補数）
　$B_+ = 001001$, $B_- = 110111$ （B_+ の 2 の補数）
（3） （a） 011011　　（b） 110111　　（c） 001001　　（d） 100101

2.7 （1） $(101010)_2 = (42)_{10} = (01000010)_{BCD} = (111111)_{grey}$
（2） $(111000)_2 = (56)_{10} = (01010110)_{BCD} = (100100)_{grey}$
（3） $(110011)_2 = (51)_{10} = (01010001)_{BCD} = (101010)_{grey}$

2.8 （1） $(101110)_{grey} = (110100)_2 = (52)_{10} = (01010010)_{BCD}$
（2） $(101001)_{grey} = (110001)_2 = (49)_{10} = (01001001)_{BCD}$
（3） $(100001)_{grey} = (111110)_2 = (62)_{10} = (01100010)_{BCD}$

第 3 章

3.1 （1） ブール代数の定理 1–（2）：$1 + A = 1$ を用いて
$$F = A + AA + AB + AC = A(1 + A + B + C) = A$$
（2） 補元則：$A + \overline{A} = 1$ と定理 1–（2）を用いて

$$F = AB + BC + CA + \overline{C} + C = AB + BC + CA + 1 = 1$$

(3) 補元則：$A\overline{A} = 0$ を用いて，$C = A + B$ とすると
$$F = (A+B)(\overline{A+B}) = C\overline{C} = 0$$

(4) 分配則：定理 9–(2) より，
$$F = (A+B)(A+\overline{B}) = A + B\overline{B} = A + 0 = A$$

3.2 ド・モルガンの定理：$\overline{AB} = \overline{A} + \overline{B}$, $\overline{(A+B)} = \overline{A} \cdot \overline{B}$ を用いる．

(1) $F = \overline{(A+B)} + \overline{(A \cdot B)} = \overline{A}\,\overline{B} + \overline{A} + \overline{B} = \overline{A}(\overline{B} + 1) + \overline{B}$
$\quad = \overline{A} + \overline{B}$

(2) $F = \overline{\overline{(A+B)} + (A \cdot B)} = \overline{(A+B)} \cdot \overline{(A \cdot B)} = \overline{A} \cdot \overline{B} \cdot (\overline{A} + \overline{B})$
$\quad = \overline{A} \cdot \overline{A} \cdot \overline{B} + \overline{A} \cdot \overline{B} \cdot \overline{B} = \overline{A} \cdot \overline{B} + \overline{A} \cdot \overline{B} = \overline{A} \cdot \overline{B}$

(3) $F = \overline{(A+B)} \cdot \overline{(A \cdot B)} = \overline{A} \cdot \overline{B} \cdot (\overline{A} + \overline{B}) = \overline{A} \cdot \overline{A} \cdot \overline{B} + \overline{A} \cdot \overline{B} \cdot \overline{B}$
$\quad = \overline{A} \cdot \overline{B} + \overline{A} \cdot \overline{B} = \overline{A} \cdot \overline{B}$

(4) $F = \overline{\overline{(A+B)} \cdot (A \cdot B)} = \overline{(A+B)} + \overline{(A \cdot B)} = \overline{A}\,\overline{B} + \overline{A} + \overline{B}$
$\quad = \overline{A}(\overline{B} + 1) + \overline{B} = \overline{A} + \overline{B}$

3.3 ド・モルガンの定理と復元則：$\overline{\overline{A}} = A$ を用いる．

(1) $F = \overline{(\overline{A} + \overline{B})} = \overline{\overline{A}} \cdot \overline{\overline{B}} = A \cdot B$

(2) $F = \overline{(\overline{A}\,\overline{B})} = \overline{\overline{A}} + \overline{\overline{B}} = A + B$

(3) $F = \overline{(\overline{A} + \overline{B})} + \overline{(\overline{A}\,\overline{B})} = AB + A + B = A(1+B) + B = A + B$

(4) $F = \overline{(\overline{A} + \overline{B})(\overline{A}\,\overline{B})} = \overline{(\overline{A} + \overline{B})} + \overline{(\overline{A}\,\overline{B})}$
$\quad = AB + A + B = A(1+B) + B = A + B$

(5) $F = \overline{\overline{(\overline{A} + \overline{B})} + \overline{(\overline{A}\,\overline{B})}} = \overline{AB + A + B} = \overline{A + B} = \overline{A}\,\overline{B}$

(6) $F = \overline{\overline{(\overline{A} + \overline{B})(\overline{A}\,\overline{B})}} = (\overline{A} + \overline{B})(\overline{A}\,\overline{B}) = \overline{A}\,\overline{A}\,\overline{B} + \overline{A}\,\overline{B}\,\overline{B} = \overline{A}\,\overline{B}$

3.4 定理を用いて求める．

(1) 右辺 $= A + \overline{B} = A(B + \overline{B}) + \overline{B} = AB + A\overline{B} + \overline{B} = AB + (1+A)\overline{B}$
$\quad = AB + \overline{B} \quad \therefore \quad AB + \overline{B} = A + \overline{B}$

(2) 左辺 $= (A+B)(A+\overline{B}) = A + B\overline{B} = A \quad \therefore \quad (A+B)(A+\overline{B}) = A$

(3) 右辺 $= (A+B)(\overline{A}+\overline{B}) = A\overline{A} + A\overline{B} + B\overline{A} + B\overline{B} = A\overline{B} + \overline{A}B$
$\quad \therefore \quad (A+B)(\overline{A}+\overline{B}) = A\overline{B} + \overline{A}B$

(4) 左辺 $= (A+B)(\overline{A}+C) = A\overline{A} + AC + B\overline{A} + BC = AC + B\overline{A} + BC$

$$= AC(B + \overline{B}) + B\overline{A}(C + \overline{C}) + (A + \overline{A})BC$$
$$= ABC + A\overline{B}C + \overline{A}BC + \overline{A}B\overline{C}$$
$$= AC(B + \overline{B}) + \overline{A}B(C + \overline{C}) = AC + \overline{A}B$$
$$\therefore \quad (A + B)(\overline{A} + C) = AC + \overline{A}B$$

(5) 左辺 $= A\overline{B} + B\overline{C} + C\overline{A} = A\overline{B}(C + \overline{C}) + (A + \overline{A})B\overline{C} + C\overline{A}(B + \overline{B})$
$$= (A + \overline{A})\overline{B}C + A\overline{C}(\overline{B} + B) + \overline{A}B(\overline{C} + C) = \overline{A}B + \overline{B}C + \overline{C}A$$
$$\therefore \quad A\overline{B} + B\overline{C} + C\overline{A} = \overline{A}B + \overline{B}C + \overline{C}A$$

3.5 (1) の主加法標準展開式は，不足変数の項に (変数 + 反変数 = 1) を乗じて求める．
$$F = A\overline{B} + B\overline{C} + C\overline{A} = A\overline{B}(C + \overline{C}) + (A + \overline{A})B\overline{C} + C\overline{A}(B + \overline{B})$$
$$= A\overline{B}C + A\overline{B}\,\overline{C} + AB\overline{C} + \overline{A}B\overline{C} + \overline{A}BC + \overline{A}\,\overline{B}C$$

(2) の主乗法標準展開式は，不足変数の項に (変数・反変数 = 0) を加え，定理 9–(2)：$A + BC = (A + B)(A + C)$ を用いて求める．
$$F = (A + B + C)(A + \overline{C}) = (A + B + C)(A + \overline{C} + B\overline{B})$$
$$= (A + B + C)(A + B + \overline{C})(A + \overline{B} + \overline{C})$$

真理値表 (解表 1) は，(a) では変数 = 1，反変数 = 0 のとき $F = 1$，他の $F = 0$，(b) では変数 = 0，反変数 = 1 のとき $F = 0$，他の $F = 1$ として求める．

解表 1

(a) $F = A\overline{B} + B\overline{C} + C\overline{A}$　　(b) $F = (A + B + C)(A + \overline{C})$

A	B	C	F
0	0	0	0
0	0	1	1
0	1	0	1
0	1	1	1
1	0	0	1
1	0	1	1
1	1	0	1
1	1	1	0

A	B	C	F
0	0	0	0
0	0	1	0
0	1	0	1
0	1	1	0
1	0	0	1
1	0	1	1
1	1	0	1
1	1	1	1

3.6 まず，シャノンの展開式の係数 $F(A, B, C)$ を求め，(a) 主加法標準展開式，(b) 主乗法標準展開式を導く．

(1) $F(0,0,0) = 0$, $F(0,0,1) = 1$, $F(0,1,0) = 1$, $F(0,1,1) = 1$,
$F(1,0,0) = 1$, $F(1,0,1) = 1$, $F(1,1,0) = 1$, $F(1,1,1) = 1$

(a) $F = \overline{A}\,\overline{B}C + \overline{A}B\overline{C} + \overline{A}BC + A\overline{B}\,\overline{C} + A\overline{B}C + AB\overline{C} + ABC$

(b) $F = (A+B+C)$

(2) $F(0,0,0) = 0$, $F(0,0,1) = 0$, $F(0,1,0) = 0$, $F(0,1,1) = 1$,
$F(1,0,0) = 0$, $F(1,0,1) = 1$, $F(1,1,0) = 1$, $F(1,1,1) = 1$

(a) $F = \overline{A}\,B\,C + A\,\overline{B}\,C + A\,B\,\overline{C} + ABC$

(b) $F = (A+B+C)(A+B+\overline{C})(A+\overline{B}+C)(\overline{A}+B+C)$

3.7 真理値表より主加法標準展開式 F_d, 主乗法標準展開式 F_c はつぎの式で与えられる.

$$F_d = \overline{A}\,\overline{B}C + \overline{A}BC + A\overline{B}\,\overline{C} + A\overline{B}C + AB\overline{C} + ABC$$

$$F_c = (A+B+C)(A+\overline{B}+C)$$

F_c を定理 9–(2) より簡単化して主加法標準形に展開すると

$$F_c = A + C + B\overline{B} = A + C \quad (定理\ 9\text{–}(2)\ より)$$
$$= A(B+\overline{B})(C+\overline{C}) + (A+\overline{A})(B+\overline{B})C$$
$$= ABC + AB\overline{C} + \overline{A}BC + A\overline{B}C + A\overline{B}\,\overline{C} + \overline{A}\,\overline{B}C \quad \therefore \quad F_c = F_d$$

これよりカルノー図 (解図 1) を作成して, 簡単化すると論理式は $F = A + C$ で, 定理 9–(2) より簡単化された F_c に等しい.

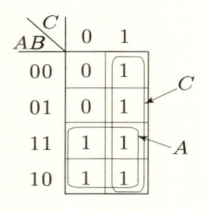

解図 1

3.8 (1) 真理値表, (2) 主加法形標準式は省略. (3) カルノー図 (a), (b) の簡単化をつぎに示す. 論理式は,

(a) $F_a = AB + \overline{B}C$

(b) $F_b = B\overline{E}(D+\overline{D}) + \overline{D}E = B\overline{E} + \overline{D}E$

(a) 4 変数　(b) 5 変数

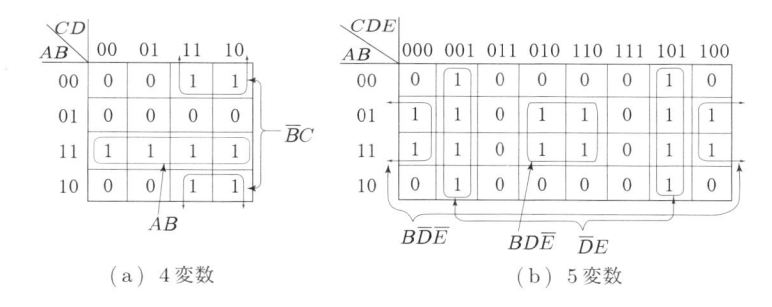

解図 2

第 4 章

4.1 論理式の回路化をつぎに示す．

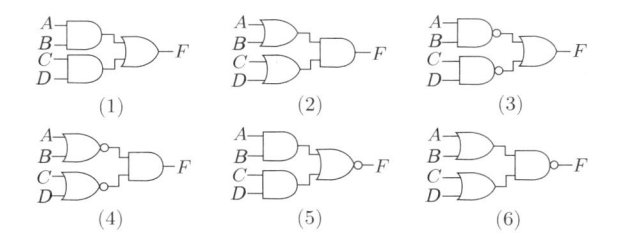

解図 3

4.2 F_1, F_2 を二重否定して展開すると，

(1) $F_1 = \overline{\overline{AB + CD}} = \overline{\overline{AB} \cdot \overline{CD}}$ （ⅰ）

$= \overline{\overline{\overline{AB}} + \overline{\overline{CD}}}$ （ⅱ）

(2) $F_2 = \overline{\overline{(A+B)(C+D)}} = \overline{\overline{A+B} + \overline{C+D}}$ （ⅲ）

$= \overline{\overline{(A+B)} \cdot \overline{(C+D)}}$ （ⅳ）

（ⅰ），（ⅱ）は NAND の正・正論理表示と正・負論理表示で，（ⅲ），（ⅳ）は NOR の正・正論理表示と正・負論理表示で示す．その回路とタイミングチャートを解図 4(e) に示す．タイミングチャートは，入力 A, B, C, D の F_1, F_2 の真理値表を作成して求めてもよいが，ここでは，論理式が簡単なので直接論理式や回路より求めることができる．

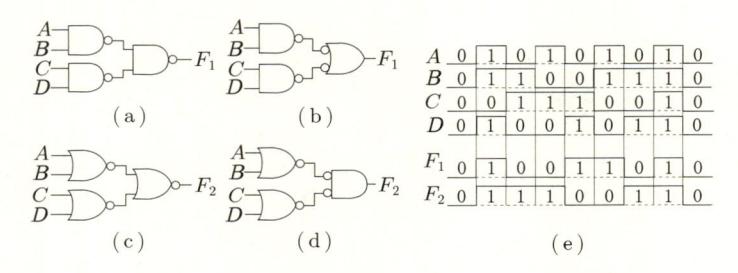

解図 4

4.3 4 ビットデータ A, B で $A_i = B_i \rightarrow F = 1 (1 = 0, 1, 2, 3)$ になる場合は，$2^4 = 16$ 組ある．論理式は 16 個の最小項の和となり，簡単化は容易ではない．例題 4.3 は，2 ビットデータ (A_0, B_0), (A_1, B_1) の比較回路である．この出力を F_1 とすると，

$$F_1 = \overline{(A_0 \oplus B_0)} \cdot \overline{(A_1 \oplus B_1)}$$

となる．同じように，2 ビットデータ (A_2, B_2), (A_3, B_3) の比較回路を構成し，その出力を F_2 とすると，

$$F_2 = \overline{(A_2 \oplus B_2)} \cdot \overline{(A_3 \oplus B_3)}$$

F_1, F_2 の AND をとり，その出力を F とすると

$$F = \overline{(A_0 \oplus B_0)} \cdot \overline{(A_1 \oplus B_1)} \cdot \overline{(A_2 \oplus B_2)} \cdot \overline{(A_3 \oplus B_3)}$$

この式は 4 組の (A_i, B_i) の ExOR の否定の積なので，すべての (A_i, B_i) が $(A_i = B_i)$ であれば，$F = 1$ で，他は $F = 0$ になり，問題の条件を満たす．この回路を解図 5 に示す．

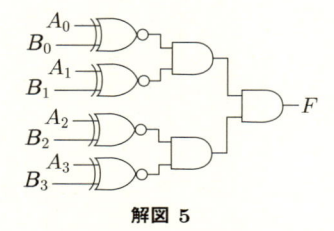

解図 5

4.4 3 人の投票者 A, B, C に対する賛否の出力 F の真理値表 (解表 2) を示す．解図 6 (a) のカルノー図で F を簡単化すると

$$F = AB + BC + CA$$

となる．(b) に回路を示した．

解表 2

A	B	C	F
0	0	0	0
0	0	1	0
0	1	0	0
0	1	1	1
1	0	0	0
1	0	1	1
1	1	0	1
1	1	1	1

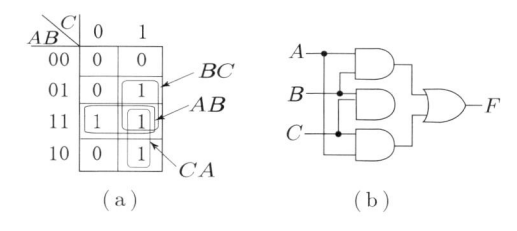

解図 6

4.5 F_1 は，そのまま PLA 表示し，F_2 は

$$F_2 = (A+\overline{B})(B+C) = AB + AC + \overline{B}C$$

に展開して表示する．

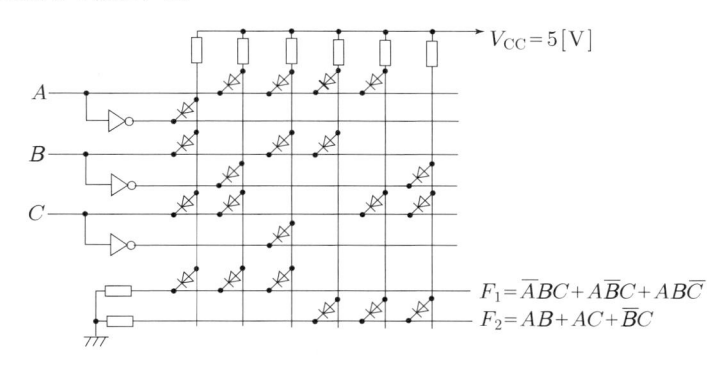

解図 7

第 5 章

5.1 解図 8 に RS-FF のタイミングチャートを示す．網目の出力は不定を示す．

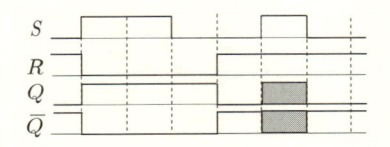

解図 8

5.2 フリップフロップがクロックパルス以外の入力信号の状態変化で動作するものを，特にラッチといい，クロックパルスで動作するものをフリップフロップという．

5.3 (1) 問いの図 5.19(a) の回路より

$$Q^{t+1} = \overline{\overline{S} \cdot \overline{P^t}} = S + P^t, \quad \overline{P^{t+1}} = \overline{\overline{R} \cdot Q^t} = R + \overline{Q^t}$$

(2) 入力 S, R に対する出力 Q, $\overline{P}$ の状態遷移表を解図 9(a) に示す．

(3) 解図 9(b) にタイミングチャートを示す．

入力		出力		動作状態
S	R	Q^{t+1}	$\overline{P^{t+1}}$	
0	0	P^t	$\overline{Q^t}$	保持
0	1	0	1	リセット
1	0	1	0	セット
1	1	1	1	禁止

(a)

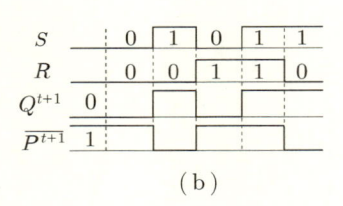

(b)

解図 9

5.4 入力 (1), (2), (3) に対する出力 Q^{t+1} の状態遷移表を解表 3 の (a), (b), (c) にそれぞれ示す．

解表 3

(a) JK-FF

入力				出力
T	J	K	Q^t	Q^{t+1}
1	0	0	0	0
1	0	0	1	1
1	0	1	0	0
1	0	1	1	0
1	1	0	0	1
1	1	0	1	1
1	1	1	0	1
1	1	1	1	0
0	\multicolumn{3}{c	}{J,K,Q 配列}	Q^t

(b) D-FF

入力		出力
D	Q^t	Q^{t+1}
0	0	0
0	1	0
1	0	1
1	1	1

(c) T-FF

入力		出力
T	Q^t	Q^{t+1}
0	0	0
0	1	1
1	0	1
1	1	0

(a) のマスタ・スレーブ JK-FF では，出力 Q^{t+1} は，$T=0$ の直前の $T=1$ の J, K の値で遷移する．$T=0$ では，Q^{t+1} は Q^t に保持される．

5.5 前問の解表 3 の状態遷移表より，

(1) 解図 10 のカルノー図を作成し，簡単化すると，

$$Q^{t+1} = TJ\overline{Q^t} + \overline{K}Q^t + \overline{T}Q^t$$
$$= TJ\overline{Q^t} + (\overline{K} + \overline{T})Q^t$$
$$= TJ\overline{Q^t} + \overline{TK}Q^t$$

(2) D-FF は状態遷移表より直接 $Q^{t+1} = D$

(3) T-FF は状態遷移表より直接 $Q^{t+1} = T\overline{Q^t} + \overline{T}Q^t$

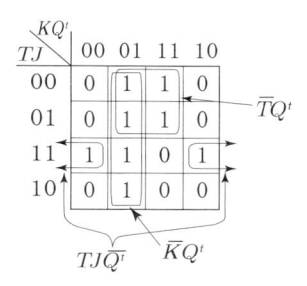

TJ\KQ^t	00	01	11	10
00	0	1	1	0
01	0	1	1	0
11	1	1	0	1
10	0	1	0	0

解図 10 JK-FF のカルノー図

5.6 問いの図 5.20 の D-FF 回路の入力 CP, D に対する中間状態 U, V と出力 Q, $\overline{Q}$ の状態遷移表を解図 11(a)，タイミングチャートを (b) に示す．

入力		出力			
CP	D	V	U	Q	$\overline{Q}$
0	0	1	1	Q	$\overline{Q}$
0	1	1	1	Q	$\overline{Q}$
1	0	1	0	0	1
1	1	0	1	1	0

(a) 保持

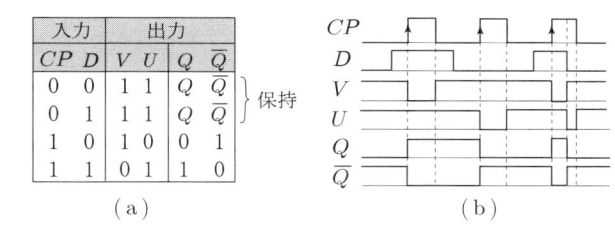

(b)

解図 11

5.7 JK-FF のタイミングチャートを解図 12 に示す．

5.8 (1) クロック $CP = 0$ では，RST-FF の出力は Q^{t+1}，$\overline{Q^{t+1}}$ は保持されるので，$CP = 1$ の場合のみを考える．RST-FF の入力 S, R は，$S = J\overline{Q^t}$，$R = KQ^t$ と与えられる．この S, R を用いて，RST-FF の遷移表より Q^{t+1}，$\overline{Q^{t+1}}$ を求めると，解表 4 の状態遷移表が得られる．

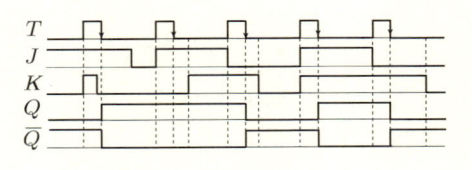

解図 12

解表 4

入力				RST-FF入力		出力		動作状態
J	K	Q^t	$\overline{Q^t}$	$S=J\overline{Q^t}$	$R=KQ^t$	Q^{t+1}	$\overline{Q^{t+1}}$	
0	0	0	1	0	0	0	1	保持
0	0	1	0	0	0	1	0	
0	1	0	1	0	0	0	1	リセット
0	1	1	0	0	1	0	1	
1	0	0	1	1	0	1	0	セット
1	0	1	0	0	0	1	0	
1	1	0	1	1	0	1	0	反転
1	1	1	0	0	1	0	1	

（2）解表 4 の遷移表から，動作は JK-FF であるが，ポジティブエッジトリガの JK-FF である．

第 6 章

6.1 4 個の JK-FF または D-FF が必要である．JK-FF はネガティブエッジトリガなので，初段フリップフロップ回路の出力 Q を次段のフリップフロップ回路のクロック端子 T に順次入力すると，アップカウンタになる．$\overline{Q}$ を T 端子に入力すると，ダウンカウンタになる．一方，D-FF はポジティブエッジトリガなので，$\overline{Q}$ を T 端子に入力するとアップカウンタになり，Q を T 端子に入力するとダウンカウンタになる．

6.2 図 6.17 の同期式 8 進カウンタ回路に JK-FF を 1 個追加し，8 進カウンタの出力を追加された JK-FF の J_3, K_3 に入力するとよい．

6.3 解表 5 の状態遷移表より，J_1, K_1, J_0, K_0 をカルノー図を用いて求めると，

$$J_1 = K_1 = Q_0, \quad J_0 = K_0 = 1$$

となり，2^n 進カウンタと同じになる．

演習問題解答 **181**

解表 5

カウント N	現在の状態 $(Q_1\ Q_0)^t$	次の状態 $(Q_1\ Q_0)^{t+1}$	$J_1\ K_1$	$J_0\ K_0$
0	0 0	0 1	0 -	1 -
1	0 1	1 0	1 -	- 1
2	1 0	1 1	- 0	1 -
3	1 1	0 0	- 1	- 1
...	...	...	- -	- -

6.4 (1) JK 修正法：この場合は $K_0 = K_1 = 1$ として，J_0, J_1 の操作のみで Q_0, Q_1 のタイミングチャートから回路を表すことができる．解図 13 (a) にタイミングチャート，(b) に回路を示す．

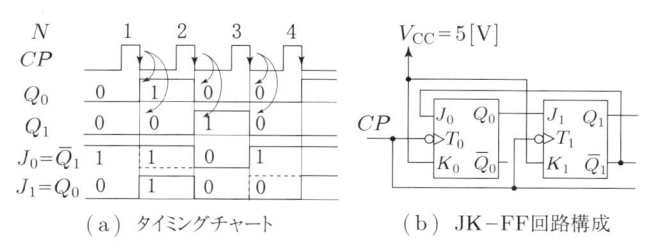

（a）タイミングチャート　　（b）JK-FF回路構成

解図 13

(2) 状態遷移表による方法：状態遷移表とカルノー図を解図 14 (a)，(b) に示した．回路は前問の解図 13 (b) と同じになる．

N	Q^t		Q^{t+1}		J, Kの条件			
	Q_1	Q_0	Q_1	Q_0	J_1	K_1	J_0	K_0
0	0	0	0	1	0	−	1	−
1	0	1	1	0	1	−	−	1
2	1	0	0	0	−	1	0	−

（a）3進カウンタ状態遷移表

（b）J, Kのカルノー図

解図 14

(3) N–1 デコード法：カウント N と Q_1, Q_0 の関係を解図 15 (a) に示す．$Q_1 = 1$ で N–1 = 2 をデコードする．3進カウンタの Q_1, Q_0 の遷移を満たす J, K は，$J_{0,1} = K_{0,1}$ として (a) の数値で与えられる．この表より，この J, K を満足する関係式はカルノー図を用い，$N = 3$ を冗長項として，$J_0 = K_0 = \overline{Q_1}$,

演習問題解答

解図 15

(a) 状態遷移表

N	Q_1	Q_0	$J_1=K_1$	$J_0=K_0$
0	0	0	0	1
1	0	1	1	1
2	1	0	1	0
3	0	0			←N−1

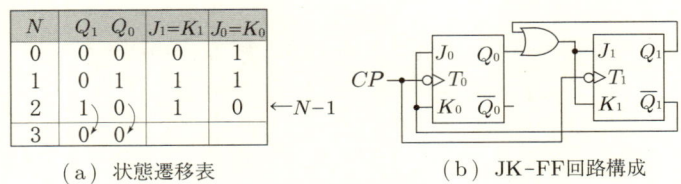

(b) JK-FF回路構成

$J_1 = K_1 = Q_0 + Q_1$ と求められる．(b) に回路を示す．

6.5 10進カウンタの状態遷移表，カルノー図，回路を解図 16 に示す．

(a) 10進カウンタの状態表

N	Q^t				Q^{t+1}				\multicolumn{8}{c	}{J, Kの条件}
	Q_3	Q_2	Q_1	Q_0	Q_3	Q_2	Q_1	Q_0	J_3	K_3	J_2	K_2	J_1	K_1	J_0	K_0
0	0	0	0	0	0	0	0	1	0	−	0	−	0	−	1	−
1	0	0	0	1	0	0	1	0	0	−	0	−	1	−	−	1
2	0	0	1	0	0	0	1	1	0	−	0	−	−	0	1	−
3	0	0	1	1	0	1	0	0	0	−	1	−	−	1	−	1
4	0	1	0	0	0	1	0	1	0	−	−	0	0	−	1	−
5	0	1	0	1	0	1	1	0	0	−	−	0	1	−	−	1
6	0	1	1	0	0	1	1	1	0	−	−	0	−	0	1	−
7	0	1	1	1	1	0	0	0	1	−	−	1	−	1	−	1
8	1	0	0	0	1	0	0	1	−	0	0	−	0	−	1	−
9	1	0	0	1	0	0	0	0	−	1	0	−	0	−	−	1
−	1	0	1	0	−	−	−	−								

(b) 10進カウンタのカルノー図

$J_3 = Q_2 Q_1 Q_0$, $J_2 = Q_1 Q_0$, $J_1 = \overline{Q_3} Q_0$, $J_0 = 1$

$K_3 = Q_0$, $K_2 = Q_1 Q_0$, $K_1 = Q_0$, $K_0 = 1$

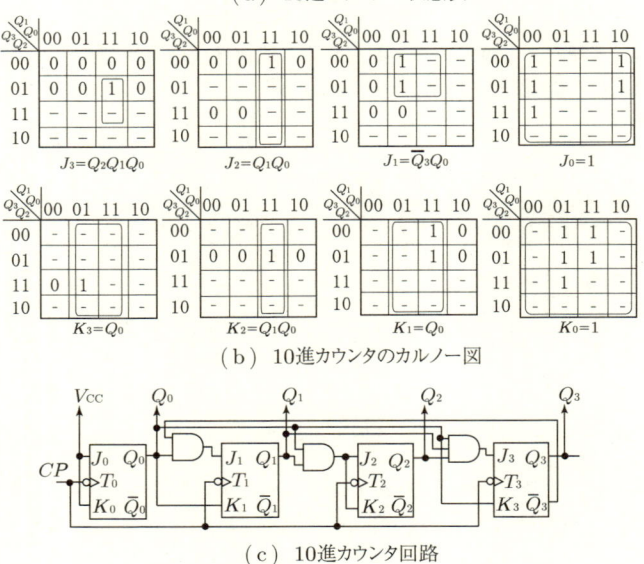

(c) 10進カウンタ回路

解図 16

第 7 章

7.1 本文参照.

7.2 回路を解図 17 に示す.

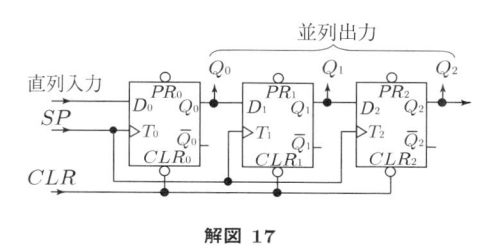

解図 17

7.3 動作を解図 18 に示す.

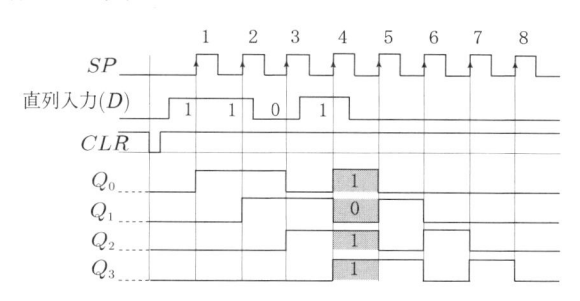

解図 18

7.4 動作図を解図 19 に示す. 第 6 シフトパルス後に出力 (1001) が得られる.

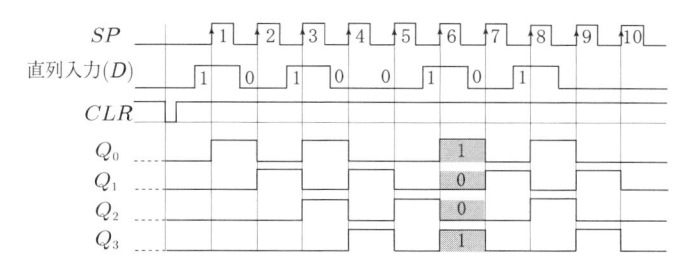

解図 19

第 8 章

8.1 本文参照.

8.2 本文参照.

8.3 (1), (2) の回路図をそれぞれ解図 20(a), (b) に示す.

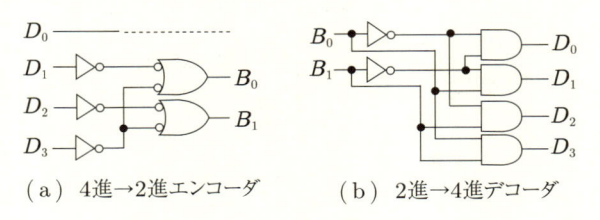

(a) 4進→2進エンコーダ

(b) 2進→4進デコーダ

解図 20

8.4 真理値表 8.1 より, B_3, B_2, B_1, B_0 を入力として出力 D_4, D_5, D_6, D_7 の四つのカルノー図を一括して解図 21 に示す. たとえば, D_6 を求めるときは, $D_6 = 1$ で他の $D_k = 0$ とすると, 図に示す点線のグループ化ができる. 他の出力 D_i についても同様なグループ化をして B_2 を求めるとつぎのようになる.

$$D_4 = B_2\overline{B_1}\ \overline{B_0}, \qquad D_5 = B_2\overline{B_1}\ B_0$$
$$D_6 = B_2 B_1\ \overline{B_0}, \qquad D_7 = B_2 B_1\ B_0$$
$$\therefore \quad D_4 + D_5 + D_6 + D_7 = B_2(\overline{B_1}\ \overline{B_0} + \overline{B_1}\ B_0 + B_1\ \overline{B_0} + B_1\ B_0)$$
$$= B_2$$

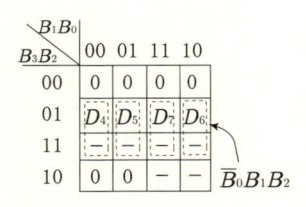

解図 21

8.5 図 8.8 (b) の真理値表より, 出力 $D_i (i = 0, 1, \cdots, 8, 9)$ の 10 個のカルノー図を一括して解図 22 に示した. たとえば, D_1 を求めるときは, $D_1 = 1$ で他の $D_k = 0$ として, 図に示すようなセルのグループ化をする. 同様にして, 他の出力 D_i の論理式を求めるとつぎのようになる.

$$D_0 = \overline{Q_0}\ \overline{Q_3}\ \overline{Q_4}, \qquad D_1 = Q_0\ \overline{Q_2}$$

解図 22

Q_3Q_4	00	01	11	10
$Q_0Q_1Q_2$				
000	D_0	D_9	D_8	–
001	–	–	D_7	–
011	–	–	D_6	–
010	–	–	–	–
110	D_2	–	–	–
111	D_3	–	D_5	D_4
101	–	–	–	–
100	D_1	–	–	–

$D_2 = Q_1 \overline{Q}_2, \qquad D_3 = Q_0 Q_2 \overline{Q}_3$

$D_4 = Q_3 \overline{Q}_4, \qquad D_5 = Q_0 Q_4$

$D_6 = \overline{Q}_0 Q_1, \qquad D_7 = \overline{Q}_0 \overline{Q}_1 Q_2$

$D_8 = \overline{Q}_1 \overline{Q}_2 Q_3, \qquad D_9 = \overline{Q}_3 Q_4$

この論理式を回路化すると解図 23 に示す 10 進ジョンソンカウンタのデコーダの回路を構成できる．

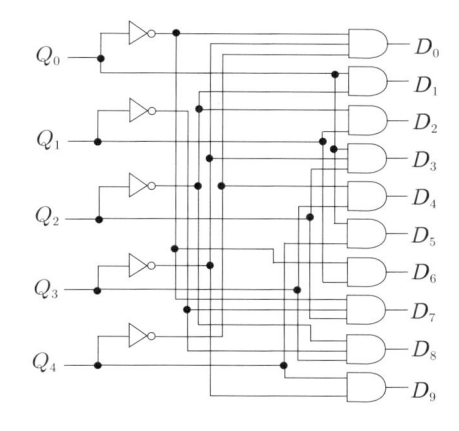

解図 23

8.6 出力 F は，つぎのようになる．

$$F = D_0 \overline{A}\, \overline{B} + D_1 \overline{A}\, B + D_2 A \overline{B} + D_3 A\, B$$

この論理式を回路化すると，図 8.14 と異なる回路を構成することができる．

8.7 回路図 8.16 より，優先度は高い方から D_3, D_2, D_1, D_0 の順になる．

第 9 章

9.1 回路図より，S と C はつぎの論理式になる．$C = XY$ なので，半加算器．

$$S = \overline{(\overline{X+Y}) + (\overline{\overline{X} + \overline{Y}})} = (X+Y)\,(\overline{X} + \overline{Y})$$
$$= X\,\overline{Y} + \overline{X}\,Y = X \oplus Y$$
$$C = \overline{(\overline{X} + \overline{Y})} = X\,Y$$

9.2 回路は，解図 24 のように与えられる．また，S は，つぎのように変形される．

$$S = \overline{(\overline{X+Y}) + XY} = (\overline{\overline{X+Y}})\,\overline{XY}$$
$$= (X+Y)\,(\overline{X} + \overline{Y}) = X\,\overline{Y} + \overline{X}\,Y$$
$$= X \oplus Y$$

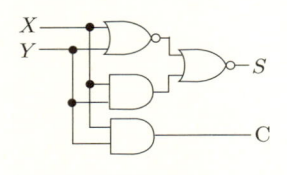

解図 24

9.3 問いの論理式を変形すると，

$$S = \overline{X}\,\overline{Y}\,C_0 + \overline{X}\,Y\,\overline{C_0} + X\,\overline{Y}\,\overline{C_0} + X\,Y\,C_0$$
$$= \overline{X}(Y\,\overline{C_0} + \overline{Y}\,C_0) + X(\overline{Y}\,\overline{C_0} + Y\,C_0)$$
$$= \overline{X}(Y \oplus C_0) + X\overline{(Y \oplus C_0)} = X \oplus (Y \oplus C_0)$$
$$C = \overline{X}\,Y\,C_0 + X\,\overline{Y}\,C_0 + X\,Y\,\overline{C_0} + X\,Y\,C_0$$
$$= (\overline{X} + X)\,Y\,C_0 + X\,(\overline{Y}\,C_0 + Y\,\overline{C_0})$$
$$= Y\,C_0 + X(Y \oplus C_0)$$
$$= \overline{\overline{Y\,C_0 + X(Y \oplus C_0)}} = \overline{\overline{Y\,C_0} \cdot \overline{X(Y \oplus C_0)}}$$

となり，問いの回路図が得られる．また，この回路図で，桁上げ C の最終段の NAND ゲートを負論理に置き換え反転記号を打ち消すと，2 組の半加算器 HA の論理記号と OR ゲートの回路で構成することができる．

9.4（1）等式の両辺を展開して等しいことを示す．この等式は，X, Y, Z の任意の入れ替えで成立する．

（2）3 入力 ExOR を用いると，解図 25 の回路が得られる．

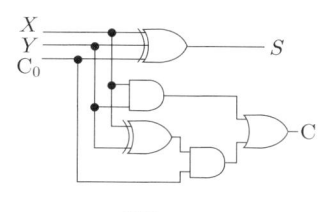

解図 25

9.5 減数 Y を 1 の補数 $+1$ として 2 の補数で表し，加算器を解図 26 のように構成する．

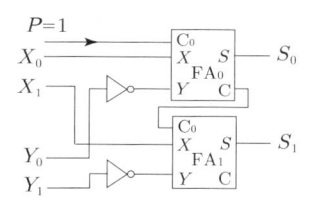

解図 26

第 10 章

10.1 TTL は高速動作するが消費電力が大きいので，高集積化ができない．CMOS は，動作速度は TTL に劣るが低消費電力，使用電源電圧範囲大で高集積化が可能である．

10.2 $V_{\mathrm{NH}} = V_{\mathrm{OH}}(\min) - V_{\mathrm{IH}}(\min) = 2.7 - 2.0 = 0.7$ [V]
$V_{\mathrm{NL}} = V_{\mathrm{IL}}(\max) - V_{\mathrm{OL}}(\max) = 0.8 - 0.5 = 0.3$ [V]

10.3 $V_{\mathrm{NH}} = V_{\mathrm{OH}}(\min) - V_{\mathrm{IH}}(\min) = 3.94 - 3.15 = 0.79$ [V]
$V_{\mathrm{NL}} = V_{\mathrm{IL}}(\max) - V_{\mathrm{OL}}(\max) = 0.9 - 0.36 = 0.54$ [V]

10.4 H-レベルのファンアウト $= 400$ [μA]$/20$ [μA] $= 20$
L-レベルのファンアウト $= 8$ [mA]$/0.4$[mA] $= 20$

10.5 解図 27(a) に ExOR 回路，(b) に配線を示す．

(a)

(b)

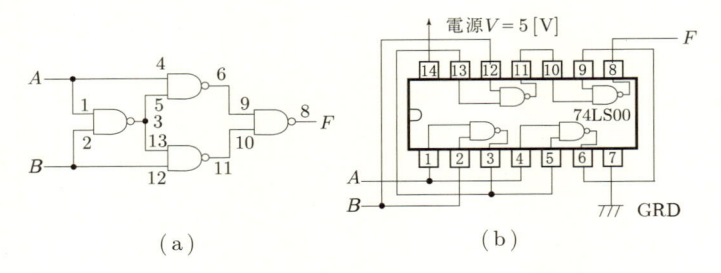

解図 27

第 11 章

11.1 A/D 変換器の例として，電子秤などのディジタル化された計測器が挙げられる．電子秤は，重さのアナログ量をディジタル化して重さを数値として表示する．低速 (数 [ms]) でよいので 2 重積分形 ADC を用いている．高速 (数 [ns]) の ADC 使用例としてディジタルオシロスコープなどがある．D/A 変換器の例として，ディジタルオーディオの再生用 (アナログ変換して音声化) が挙げられる．計測制御，ISDN 通信などにも使用されている．

11.2 (1) $V_I = 0.1$ [V] $\to V_1 = \cdots = V_8 = -5$ [V]

(2) $V_I = 5.9$ [V] $\to V_1 = \cdots = V_5 = 5$ [V], $V_6 = \cdots = V_8 = -5$ [V]

(3) $V_I = 8.1$ [V] $\to V_1 = \cdots = V_8 = 5$ [V]

11.3 (1) S_{n-2} を V_r に接続したときは，他の S_i は接地されるので等価回路の解図 28 (a) が得られる．この等価回路より，B 点の抵抗 R_B は，R と $2R$ の並列接続なので，$R_B = 2R/3$ になる．したがって，V_I はつぎのようになる．

$$V_I = \frac{R_B}{2R + R_B} V_r = \frac{1}{4} V_r$$

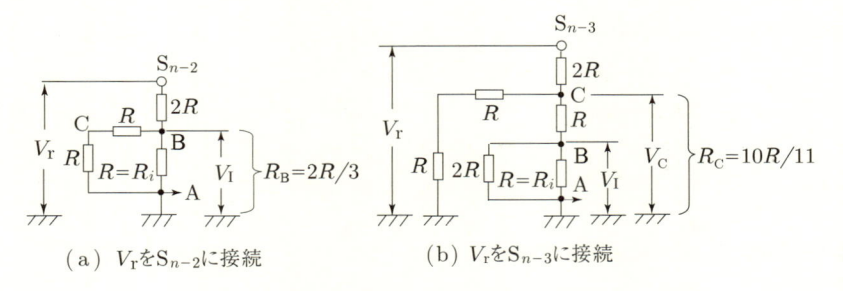

(a) V_rをS_{n-2}に接続

(b) V_rをS_{n-3}に接続

解図 28 R-2R 形 ADC の等価回路

(2) 同様に，S_{n-3} を V_r に接続した等価回路 (b) より，C 点の抵抗 R_C は，$(R+R)$ と $(R+R_B)$ の並列接続なので，$R_C = 10R/11$ になる．C 点の電圧 V_C と B 点の電圧 V_I はつぎのようになる．

$$V_C = \frac{R_C}{2R+R_C}V_r = \frac{10}{32}V_r, \quad V_I = \frac{R_B}{R+R_B}V_C = \frac{1}{8}V_r$$

11.4 解図 29 に示すように，$(D_4, D_3, D_2, D_1, D_0) = (1, 0, 0, 0, 1)$．この ADC は，1 ビットあたりの電圧が 16 [V]/32 = 0.5 [V] になる．

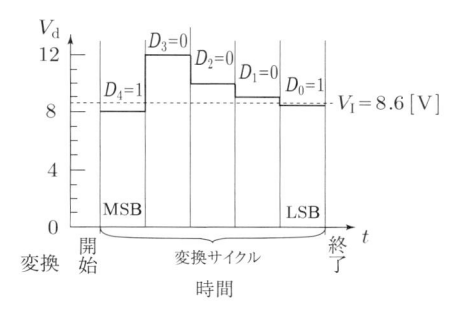

解図 29 5 ビット逐次比較形 ADC の変換過程

参考文献

[1] 小倉久和・高濱徹行：情報の論理数学入門，近代科学社 (1991).
[2] 宮田武雄：速解論理回路，コロナ社 (2000).
[3] 中村次男：電子回路 (2) ディジタル編，コロナ社 (1988).
[4] 河崎隆一・安藤隆夫・清水秀紀：ディジタル回路入門，コロナ社 (1990).
[5] 伊原充博・若海弘夫・吉沢 昌：ディジタル回路，コロナ社 (1999).
[6] 浅井秀樹：ディジタル回路演習ノート，コロナ社 (2001).
[7] 高野政道：絵でわかるディジタル IC 回路入門，工学図書 (1988).
[8] 浜辺隆二：論理回路入門，森北出版 (1995).
[9] 富川武彦：例題で学ぶ論理回路設計，森北出版 (2001).
[10] 並木秀明・宮尾正大・前田智美：実用入門ディジタル回路と Verilog-HDL，技術評論社 (1996).
[11] 竹村裕夫：電子回路の基礎，コロナ社 (2001).
[12] 山崎 亨：情報工学のための電子回路，森北出版 (1996).
[13] 猪飼国男：最新 74 シリーズ規格表，CQ 出版社 (1991).
[14] 猪飼国男：最新汎用ロジック・デバイス規格表 (2003 年度版)，CQ 出版社 (2003).
[15] 西巻正郎・森 武昭・荒井俊彦：電気回路の基礎 (第 2 版)，森北出版 (2004).

索 引

英 数

10 進数 →8, 16 進数　13
10 進数 (小数)→2 進数　12
10 進数 (整数)→2 進数　11
16 進数　10
1 の補数回路　128
2, 8, 16 進数の相互変換　13
2 進数　9
2 進数カウンタ　83
2 進数の補数　15
2 の補数回路　129
2 の補数加算器　130
8-4-2-1 コード　25
8 進数　10
A/D 変換器　163
ALS-TTL　142, 153
AND ゲート　49, 139
ASIC　144
AS-TTL　142, 153
BCD-7 セグメントデコーダ　115
BCD コード　24
CLR 優先　81
CMOS　136, 143
D/A 変換器　160
D-FF　78
D ラッチ　79
EAC　20

ECL　142
ExOR ゲート　53, 155
FPGA　144
F-TTL　142, 153
H-アクティブ　80
IC　5, 139, 144
IC の特性　145
JK-FF　75
　　マスタ・スレーブ型　76
JK 修正法　90
LSB　9
LS-TTL　142, 153
L-アクティブ　80
MIL 記号　49
MOS トランジスタ　136
MSB　9
NAND 構成回路　154
NAND ゲート　52
NOR 型 RS-FF　70
NOR ゲート　53
NOT ゲート　51, 137
n 型半導体　134
n 進数　7
OR ゲート　51, 138
PLA　63
PLD　63
PR 優先　81

192　索　引

p 型半導体　134
R-2R 形 D/A 変換器　161
RS-FF　68, 70
　　NAND 型 ——　70
　　NOR 型 ——　70
RST-FF　73
S-TTL　141, 153
T-FF　79
TTL　140
TTL74 シリーズ　152

あ 行

アップカウンタ　84
アナログ　1
アナログ信号　2
アナログ–ディジタル変換　157
アナログ電子回路　3
イマジナリショート　158
インバータ　51
エンコーダ　108
　　10 進 →BCD ——　108
演算回路　120
演算増幅回路　157
オーバフロー　18
オープンコレクタ方式　150
オペアンプ　157
重み　9
重み抵抗形 D/A 変換器　160

か 行

解読器　108
加算　18
加算カウンタ　84
カルノー図　41
記憶状態　69
帰還回路　68
基数　8

基数変換　11
基本ゲート　137
　　AND ゲート　49, 139
　　NOT ゲート　51, 137
　　OR ゲート　51, 138
基本論理演算　28
基本論理ゲート　3
逆方向電流　135
キャリア　134
強制リセット法　88
切替スイッチ回路　59
禁止状態　69
組み合わせ回路　56
クリア (CLR)　80
グレイコード　25
クロックパルス　73
ゲート開放　74
ゲート閉じ　74
減算　18
減算カウンタ　84
降伏電圧　135
コンパレータ　158

さ 行

最小項　35
最大項　35
雑音余裕　146
サンプルホールド回路　159
しきい値電圧　145
四則演算　18
シフトパルス　99
シフトレジスタ　99
　　基本動作　99
　　全変換　105
　　直列–直列変換　101
　　直列–並列変換　101, 102
　　並列–直列変換　101, 104
　　並列–並列変換　102

ライト ── 100
シフトレジスタ型カウンタ　95
シャノンの展開式　36
集積回路　5
主加法標準展開定理　36
主乗法標準展開定理　36
出力結合　148
　オープンコレクタ方式　150
　トーテムポール方式　149
　トライステート方式　151
　ワイヤード AND　148
　ワイヤード OR　148
循環桁上げ　20
順序回路　67
順方向電流　135
乗算と除算　19
状態遷移表　69
冗長項　46
ショットキートランジスタ　141
ジョンソンカウンタ　96
真理値　4, 28
真理値表　4, 29
正論理　55
積分回路　159
セット状態　69
全加算器　122
全減算器　127
双対　31
双対性　32
双対定理　33

た 行

ダイオード　134
タイミングチャート　50
ダウンカウンタ　84
多層構造形銅配線技術　144
逐次比較形 A/D 変換器　165
チップ　140

直接減算器　125
ツイストカウンタ　96
底　8
ディジタル　1
ディジタル IC　134, 139
ディジタル → アナログ変換　160
ディジタル回路　3
ディジタル回路の製作　152
　ExOR ゲート　155
　NAND 構成回路　154
ディジタル信号　2
ディジット　7
デコーダ　108, 111
　BCD→10 進 ──　111, 113
　BCD-7 セグメント ──　115
データ　3
データパルス　99
デマルチプレクサ　117
電気信号　2
電子回路　3
伝搬遅延時間　86, 147
同期式 N 進カウンタの設計　90
同期式カウンタ　87
トーテムポール方式　141, 149
ド・モルガンの定理　31
トライステート方式　151
トランジスタ　135
　MOS ──　136
　バイポーラ ──　135
トリガパルス　73

な 行

二重積分形 A/D 変換器　166
入出力変換回路　108
ネガティブエッジトリガ　74

は 行

排他的論理和　53

バイト　9
パイプライン形 A/D 変換器　168
バイポーラ IC　140
　ALS-TTL　142
　AS-TTL　142
　ECL　142
　F-TTL　142
　LS-TTL　142
　S-TTL　141
　TTL　140
バイポーラトランジスタ　135
ハザード　89
ハードウェア記述言語　144
ハミング距離　25
パルス信号　2
半加算器　120
半減算器　125
反転記号　52
反転増幅回路　157
半導体　134
半導体素子　134
比較回路　61, 158
ビット　9
否定　30
非同期式 N 進カウンタの設計　88
非同期式カウンタ　83
表示回路　115
標準 TTL　140
標準展開定理　36
標準ロジック IC　5, 152
ファンアウト　147
ファンイン　147
フィードバック　68
符号器　108
符号体系　24
符号つき 2 進数加算　22
符号なし 2 進数減算　19
負数の補数表示　16

不定状態　72
プライオリティエンコーダ　110
フラッシュ ADC　164
プリセット (PR)　80
フリップフロップ回路　67
　同期式 ──　73
　非同期式 ──　67
ブール代数　28
ブール代数の定理　30
負論理　55
並列カウンタ　87
並列加算器　124
並列比較形 A/D 変換器　164
補元　30
保持状態　69
ポジティブエッジトリガ　74
補数　14
補数回路　128
補数加算　19

ま 行

マルチプレクサ　117

や 行

ユニポーラトランジスタ　135

ら 行

リセット状態　69
リップルカウンタ　84
リングカウンタ　95
レジスタ　99
ロジック IC　141
論理式　4
論理式の回路化　56
論理式の簡単化　39
論理振幅　145
論理積　29

論理代数　4, 28
論理値　4, 28
論理の一致　57
論理の不一致　57

論理和　29

わ 行

ワイヤード AND　148
ワイヤード OR　148

著 者 略 歴

湯田　春雄（ゆた・はるお）
1966 年　ペンシルベニア大学大学院博士課程修了
1966 年　ロチェスタ大学物理学科助手
1969 年　アルゴンヌ国立研究所高エネルギー物理部助教授
1974 年　東北大学理学部助教授
1983 年　東北大学理学部教授
1997 年　東北大学名誉教授
1997 年　青森大学工学部教授
2005 年　青森大学ソフトウェア情報学部非常勤講師
2006 年　青森大学退職
　　　　Ph. D.

堀端　孝俊（ほりばた・たかとし）
1980 年　東京都立大学大学院理学研究科博士課程修了
1982 年　東京大学原子核研究所研究員
1983 年　チュービンゲン大学研究員
1985 年　日本ユニシス株式会社知識システム開発部
1992 年　青森大学工学部助教授
1992 年　理化学研究所共同研究員
2000 年　青森大学工学部教授
2004 年　青森大学ソフトウェア情報学部教授
　　　　現在に至る
　　　　理学博士

しっかり学べる基礎ディジタル回路　　© 湯田春雄・堀端孝俊　*2006*

2006 年 2 月 23 日　第 1 版第 1 刷発行　　【本書の無断転載を禁ず】
2018 年 9 月 15 日　第 1 版第 7 刷発行

著　　者　湯田春雄・堀端孝俊
発 行 者　森北博巳
発 行 所　森北出版株式会社
　　　　　東京都千代田区富士見 1-4-11（〒 102-0071）
　　　　　電話 03-3265-8341／FAX 03-3264-8709
　　　　　http://www.morikita.co.jp/
　　　　　日本書籍出版協会・自然科学書協会　会員
　　　　　JCOPY ＜(社)出版者著作権管理機構　委託出版物＞

落丁・乱丁本はお取替えいたします　　印刷／エーヴィス・製本／協栄製本

Printed in Japan ／ ISBN978-4-627-79171-8

MEMO

MEMO